装配式建筑职业技能培训教材

钢筋制品智能化加工技术（第二版）

《钢筋制品智能化加工技术（第二版）》编委会　编

中国建筑工业出版社

图书在版编目（CIP）数据

钢筋制品智能化加工技术/《钢筋制品智能化加工
技术（第二版）》编委会编. —2版. —北京：中国建
筑工业出版社，2021.6
装配式建筑职业技能培训教材
ISBN 978-7-112-26128-4

Ⅰ. ①钢… Ⅱ. ①钢… Ⅲ. ①建筑材料-钢筋-技术
培训-教材 Ⅳ. ①TU511.3

中国版本图书馆 CIP 数据核字（2021）第 079573 号

本书是"装配式建筑职业技能培训教材"中的一本，全书共分为 8 章，包括：
技术发展现状与趋势，数控钢筋加工设备的种类和性能，智能化钢筋加工工艺与
操作要求，钢筋加工相关标准与要求，钢筋加工、连接中常见的问题和解决方法，
数控钢筋加工设备在预制构件工厂的应用，数控钢筋加工对工程造价的影响，
BIM 技术与智能化钢筋加工设备的对接。本书内容具有较强的指导性和可操作性，
可供不同层次的建筑工人和技术管理人员作为岗位职业技能培训教材。

责任编辑：王砾瑶　范业庶
责任校对：党　蕾

装配式建筑职业技能培训教材
钢筋制品智能化加工技术（第二版）
《钢筋制品智能化加工技术（第二版）》编委会　编

*

中国建筑工业出版社出版、发行（北京海淀三里河路 9 号）
各地新华书店、建筑书店经销
霸州市顺浩图文科技发展有限公司制版
北京圣夫亚美印刷有限公司印刷

*

开本：787 毫米×1092 毫米　1/16　印张：11¼　字数：228 千字
2021 年 6 月第二版　　2021 年 6 月第四次印刷
定价：**39.00** 元
ISBN 978-7-112-26128-4
（37587）

本 书 编 委 会

主编单位：中国建筑学会建筑产业现代化发展委员会

天津市银丰机械系统工程有限公司

中建科技有限公司

河北工业大学

主　　　审：叶浩文

主　　　编：叶　明

副 主 编：丁国民　马国伟

编写成员：黄轶群　陆长松　张　瀑　张慧峰　梅晓彬

黄轶淼　王　里　张俊飞　薛桂香　李之建

徐晓江　刘　峰　程殊伟　郝志强　李志勇

张　静　张　平　靳玉泉　黄晨光　刘志国

王开强　周予启　李　林　刘　涛　张中善

范文正　彭松柏　丁大伦

第二版前言

《钢筋制品智能化加工技术》一书，是为了适应我国装配式建筑和新型建筑工业化发展，促进建筑产业技术进步，提升产业工人的职业技能，针对钢筋制品智能化加工技术而编写的职业技能教材。自2018年6月出版以来，本书发行数量不断增加，多次重印，其编写内容的实用性和系统性也受到了业界同仁、读者以及职业技能培训机构的广泛欢迎和认可，切实发挥了本书编写的目的和作用。

我国进入"十四五"时期，住房和城乡建设部等9部门联合印发了《关于加快新型建筑工业化发展的若干意见》，明确提出了以新型建筑工业化带动建筑业全面转型升级、打造具有国际竞争力的"中国建造"品牌的发展目标。以装配化建造取代手工作业，以工业化制造取代传统施工，以智能化生产取代半机械化加工，是工程建设的全过程、全要素、全系统推进新型建筑工业化发展的必然要求。本书针对钢筋制品智能化加工技术的发展现状与趋势、加工设备、加工工艺、相关技术标准要求以及常见的问题和解决方法等，进行了全面系统的阐述，符合当前新型建筑工业化的发展需要，适应新时代、新技术、新设备发展的新要求，可以说，本书具有一定的先进性、指导性和现实意义。

然而，进入新时代，新一轮科技革命和产业变革风起云涌，极大地促进了建筑业的新思维、新技术和新业态的不断涌现，钢筋制品智能化加工新技术得到了迅速发展，设备更新的速度加快，技术、质量以及效率效益的要求也越来越高。伴随着技术的不断进步，通过几年来生产实践的不断探索创新，本书主编单位对钢筋制品智能化加工技术的设备生产和加工应用，有了更多的经验积累和技术创新，编写成员也对该技术有了更深的思考和认识。为了满足业界广大读者和职业培训的需要，根据读者的反馈意见和建议，本书编写委员会进行了认真思考和研究，在总体结构体系不变的前提下，对本书的部分章节进行了必要的修改和完善，主要变动如下：

一是，在第1章以概述的方式补充了新型建筑工业化以及钢筋制品智能化加工技术、产品的基本概念；在国内外钢筋加工设备的发展现状方面，完善了近几年发展的新技术、新设备；细化了钢筋制品智能化加工技术发展趋势等内容。

二是，在第2章中增加了有关新设备内容，包括：钢筋笼加工设备、钢筋焊接设备、钢筋调直设备的主要类型、结构及功能特点的介绍。

三是，对第6章预制构件厂的钢筋加工车间布局，相关的设备工艺加工区域图片进行了更新。

四是，在第8章的"BIM云钢筋加工中心应用"小节，补充了BIM云加工中心与钢筋加工设备、搅拌站、PC生产线等其他相关设备的对接应用，包括数字化平台的搭建、智能制造、业务协同和供需对接等几个方面。针对"BIM数据与数控钢筋加工设备的对接"小节，补充了柔性焊网生产线BIM数据传输加工应用简介。

本书的修订工作主要由天津银丰机械系统工程有限公司负责，河北工业大学参与了修订工作，在此向他们的深入研究和辛勤工作表示感谢。限于编者水平，本书难免有不妥之处，恳请读者指正。

本书编委会

2021年2月22日

前　言

　　近年来，装配式建筑在国家和地方政策的持续推动下实现了大发展，发展路径日渐清晰，技术创新层出不穷，企业热情空前高涨，示范项目遍地开花，各方面工作都呈现了蓬勃的发展态势。2016 年 9 月 27 日，国务院办公厅印发的《关于大力发展装配式建筑的指导意见》，明确指出："强化队伍建设。大力培养装配式建筑设计、生产、施工、管理等专业人才"。人才是行业发展的基础，教育是提升技能的根本。在装配式建筑发展的大好形势下，我们深感人才储备不足的问题非常突出，人才教育和培训的发展空间非常之大。当前是装配式建筑发展的起步阶段，技术体系尚未成熟，管理机制尚未建立，社会化程度不高，专业化分工没有形成，企业各方面能力不足，尤其是专业型、职业技能型人才奇缺。因此，以培养适应建筑产业现代化发展要求的复合型、专业型、技能型人才为目标，提高管理和技术人员的专业技术水平，提升产业化工人的职业技能，为全国装配式建筑发展提供人才保障，迫在眉睫、任重而道远。

　　随着装配式建筑的大力推动和快速发展，建筑用成型钢筋制品得到了大幅度的推广和应用，钢筋加工设备和技术水平也得到了较大提升，促进了建筑产业升级和生产力水平提高，加快了建筑业技术进步。钢筋加工工艺作为 PC 构件制作的重要组成部分，其自动化、智能化应用水平已经成为衡量现代 PC 构件制作工艺水平的重要依据，钢筋制品加工的质量和效率直接关系到整个工程建设的质量、效率和效益，也关系到工程建设的资源节约和环境保护的程度和水平。但是，目前国内钢筋制品智能化加工技术仍处在起步阶段，不仅建筑工地钢筋加工大部分还采用人工加工，PC 工厂的钢筋加工也多采用人工和设备配合的半自动化加工。其根本原因在于：钢筋制品加工的企业和操作工人普遍缺乏专业知识、技术和技能，甚至未经过培训上岗。因此，在装配式建筑快速发展的今天，开展相关岗位职业技能培训工作十分重要，是保持装配式建筑能否持续、健康发展的关键所在，是降低建筑安全事故，提高建筑工程质量、效率和效益的重要部分。

　　为了全面做好装配式建筑岗位职业技能培训工作，中国建筑学会建筑产业现代化发展委员会、天津银丰机械系统工程有限公司、中建科技有限公司等单位组成编委会，针对装配式建筑的钢筋制品智能化加工技术的职业岗位技能培训编写教材。本书以钢筋制品智能化加工技术为主要对象，从钢筋制品智能化加工技术发展现状与趋势、加工设备、加工工艺、相关技术标准要求以及常见的问题和解决方法等内容进行了系统、全面的阐述，适合不同层次的建筑工人和技术管理人员岗位职业技能培训和实际施工操作应用。

为保证教材内容的先进性和完整性，在教材编写过程中，本书编委会以国家标准和规范为依据，收集并参考了大量资料，汲取了多方面研究成果和工程实践。由于时间仓促，加之目前工程实践和技术积累较少，尤其是针对钢筋制品智能化加工技术的参考书籍和资料很少，在编写过程中难免有疏漏和不足，特别是深度和系统的全面性方面，今后还需要结合读者反馈和工程应用的实践积累，不断改进和完善，最终形成一本针对性强、实用性高、系统性好的高水平教材，服务于我国装配式建筑职业技能培训的需要。

本书编委会
2018 年 3 月于北京

目　录

第1章 技术发展现状与趋势

1.1 概述

1.1.1 建筑工业化发展概述

进入新时代，建筑工业化通常被称为新型建筑工业化，"新型"主要区别之前的建筑工业化。新型建筑工业化是指从传统粗放的建造方式向现代工业化建造方式转变的过程。工业化建造方式是指运用现代工业化的组织和手段，以建筑为最终产品，对建筑生产全过程各阶段的各生产要素的技术集成和系统整合，达到建筑设计标准化、构件生产工厂化、建筑部品系列化、现场施工装配化、土建装修一体化、管理手段信息化、生产经营专业化，并形成有机的产业链和有序的流水式作业，从而全面提升建筑工程的质量、效率和效益。

建筑工业化是一个历史性和世界性的范畴。所谓历史性范畴，是指工业化随着历史的发展有着不同的具体内容和标志，早期的建筑工业化主要是以标准化、机械化、部品化和装配化为标志和内容；进入新时代，随着世界经济由工业时代过渡到信息时代，并逐步向数字时代演进，建筑工业化的未来发展进入了以智能化、信息化和数字化为标志和内容的时代，面临着以日新月异的技术变革为中心的信息技术、知识经济的挑战。所谓世界性的范畴，是说建筑工业化的内容和标志，不是孤立的，而是在世界范围内各国的相互比较中才能确定的，是指建筑产业的工业化程度和发展水平要达到当今世界的先进水平。

我国是在新的历史条件下要完成基本实现建筑工业化的任务，历史的发展、世界科学技术的进步和我国的基本国情，决定了建筑业不能再走大开发、大建设、大消耗、大污染的传统粗放的发展道路，必须尽早实现以装配化建造取代手工作业、以工业化制造取代传统施工、以智能化生产取代半机械化加工的新型工业化建造方式。同时，以信息技术为代表的新科技革命和新型建造方式迅猛发展，又使我国建筑业把信息化与建筑工业化深度融合成为可能。因此，从我国建筑业的国情出发，根据信息时代实现建筑工业化的要求和有利条件，在朝着社会主义现代化强国目标迈进的历史进程中，要坚持以信息化带动建筑工业化，以建筑工业化促进信息化，走出一条科技含量高、经济效益好、资源消耗低、环境污染少、人力资源优势得到充分发挥的新型建筑工业化道路。新型建筑工业化道路，就是在新的历史条件下体现新时代的新特征、符合我国国情的建筑产业现代化发展道路。

1.1.2 钢筋制品智能化加工技术概述

近年来，随着我国建筑工业化、信息化的快速发展，以及装配式建筑的大力推动，建筑用成型钢筋制品得到了大幅度的推广和应用，钢筋加工设备和技术水平也得到了较大提升，促进了建筑产业升级和生产力水平提高，加快了建筑业技术进步。

装配式建筑是以工业化、信息化、智能化为支撑，整合策划、设计、构件部品生产与运输、施工建造和运营管理等产业链，实现建筑业生产方式和管理方式的创新和变革，全面提高建筑工程的质量、安全、效率和效益，促进建筑业节能减排、节约资源和保护环境的动态可持续发展过程。装配式混凝土建筑是装配式建筑中应用量最大、对装配式建筑的发展前景至关重要的一类技术体系，从国家政策导向、建筑业转型发展需求、节能环保需求等各方面，都有对装配式混凝土建筑的大量需求。

但是，一直以来我国工程建设的钢筋加工主要是采用人工绑扎、人工焊接、简单的钢筋弯曲等工艺。据不完全统计，目前我国建筑工程仍有近70%的项目采用这种加工工艺和技术方法，已经无法满足工程建设的标准化、精细化、集约化发展需要，无法适应当前工业化、信息化快速发展的新时代要求。钢筋制品加工技术的滞后会直接影响到整个建筑行业的发展质量和水平。

随着装配式建筑的发展和信息化技术的应用，钢筋制品加工未来发展趋势将逐渐从人工操作向自动化生产转变，正如商品混凝土配送一样，组建专业的智能化钢筋加工配送中心已成为市场发展的方向，同时也是提高现场施工效率的重要手段之一。可以说，钢筋加工质量和效率直接关系到整个工程建设的质量、效率和效益，也关系到工程建设的资源节约和环境保护的程度和水平。目前国内建筑工地钢筋加工不仅大部分还处于人工加工阶段，PC工厂的钢筋加工也多处于人工和设备配合的半自动加工阶段。建筑用钢筋制品的智能化加工是指由具有信息化生产管理系统的专业化钢筋加工设备，进行钢筋大规模工厂化与专业化生产、商品化配送并具有新型工业化特点的一种钢筋加工方式。可实现通过图样输入流水线计算机控制系统，钢筋加工设备会自动识别，完成钢筋下料、剪切、焊接、运输、入模等各道工序。钢筋制品智能化加工作为推动装配式建筑发展的重要手段，也是建筑行业转型升级的必然趋势。

1.1.3 钢筋制品智能化加工的基本概念

1. 钢筋制品智能化加工技术

钢筋制品智能化加工技术主要是指采用自动化钢筋加工设备，从钢筋成品设计与参数生成、钢筋下料与优化套裁、钢筋成型与成品加工、质量检验与打包配送，经过全过程的智能化的合理工艺流程，在固定的加工场所集中将钢筋加工成为工程所需的各种成型钢筋制品技术。

2. 钢筋制品智能化加工设备

智能化钢筋加工设备是建筑用钢筋制品的智能化加工技术的硬件支撑，是指具备强化钢筋、自动调直、定尺切断、钢筋弯曲、钢筋焊接、螺纹加工等单一或组合功能的钢筋智能化加工机械，包括钢筋强化机械、自动调直与切断机械、数控钢筋弯箍机械、数控钢筋弯曲机械、数控钢筋笼滚焊机械、数控钢筋矫直切断机械、数控钢筋剪切线、数控钢筋桁架生产线、柔性焊网机等设备。

目前，随着装配式建筑的大力发展，钢筋加工设备在工程建设中得到了广泛应用。数控钢筋加工设备智能化程度已经很高，许多先进设备甚至能够自动完成上料、加工、过程检测、下料、成品检测、打包等一系列生产。但这种智能化设备在实际应用方面还没能大范围推广和应用，其主要原因是设备售价较高，稳定性较差，维护成本也较高。常用的钢筋加工设备还是以半自动数控设备为主，需要人工辅助操作。

3. 智能化加工钢筋制品种类

按工程设计规定的尺寸、形状通过机械加工成型的非预应力钢筋制品，可以分为单件钢筋制品和组合钢筋制品。

单件钢筋制品：按结构使用用途可分为受力筋、分布筋、构造筋、箍筋、架立筋、贯通筋、负筋、拉结筋、腹筋等。按形状可分为箍筋、拉钩筋等。其中箍筋的形式比较多，常用的有圆形、矩形、多边形、异形组合型、单肢箍筋、多肢箍筋等。

组合钢筋制品：按结构和形状可分为钢筋网片、钢筋桁架、钢筋笼、钢筋梁柱等。钢筋网片可细分为普通钢筋网片、开孔钢筋网片、带弯钩钢筋网片等。钢筋桁架可细分为直脚钢筋桁架、弯脚钢筋桁架等。钢筋笼可细分为圆形钢筋笼、方形钢筋笼等。

1.2 钢筋制品智能化加工技术的发展现状

1.2.1 国外钢筋制品智能化加工设备的现状

经过几次工业革命的洗礼，欧美发达国家在机械自动化技术方面始终走在世界的最前沿，在钢筋加工行业也不例外。一些数控钢筋加工设备的知名企业都是来自于欧美发达国家。其技术水平更是站在世界钢筋加工设备技术的尖端。加之国外发达国家装配式建筑起步较早，其钢筋加工设备的智能化程度较高，而且在相关领域已经进行了很多标准化工作。比较知名的有意大利 MEP 公司、意大利 SCHNELL 公司、奥地利 EVG 公司、意大利普瑞集团、德国 PEDAX 公司等。

意大利 MEP 公司，1966 年成立，主要生产建筑钢筋深加工设备，其产品主要有：钢筋成型、折弯设备、矫直定尺剪切设备、焊网设备、棒材剪切分拣设备、桁架焊接设备等。该公司产品在国际市场上的占有率较大，是世界上最大的钢筋深加工设备制造厂商之一。其设备主要面向具有较大规模、自动化配置要求较高的企业。绝大部分设备由液压驱动、AGC 控制。一条作业线基本上由 1 个人即可操作完成所有工作，自动化程度非常高。MEP 公司最具特色的产品是其矫直、剪切弯曲设备。由于矫直辊呈弧形布置，且各组矫直辊可根据矫直钢筋的曲率自动调节，最大限度地保证了矫直的平直度，并有效地防止了扭转的产生（图 1-1～图 1-12）。

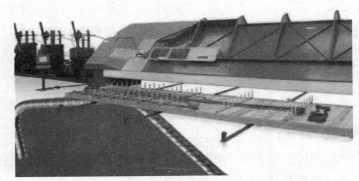

图 1-1　MEP 公司生产的数控钢筋弯箍机

图 1-2　MEP 公司生产的数控钢筋弯箍机矫直机构（矫直辊呈弧形布置，
与矫直辊呈直线布置的防钢筋扭转后加工出产品外形尺寸的示意说明）

意大利 SCHNELL 公司，1962 年成立，目前在全球有 14 家子公司和众多服务中心，在天津有全资子公司。

相对于 MEP 公司来说，生产的设备类型相似，但生产产品种类比较多，设备采用机械和压缩空气传动较多。在电机和电控器件的配置上相对于 MEP 公司经济性较强，能完成全自动控制和操作（图 1-13～图 1-20）。

图 1-3　MEP 公司生产的三维数控钢筋弯箍机

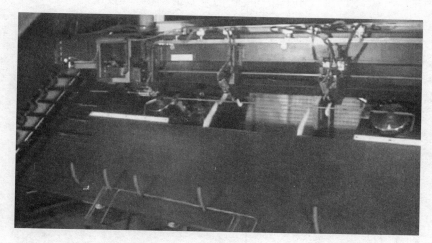

图 1-4　MEP 公司生产的数控钢筋弯曲机
（可自动换原材料，可自动上料、调直、落料）

图 1-5　MEP 公司生产的可自动换筋的自动上料、
调直、落料的数控钢筋弯曲机调直机构

图 1-6　MEP 公司生产的方形笼、梁柱焊接设备

图 1-7　MEP 公司生产的钢筋笼、梁柱焊接设备

图 1-8　MEP 公司生产的钢筋笼焊接设备

图 1-9　MEP 公司的钢筋网焊接设备

图 1-10　MEP 公司生产的钢筋网弯曲设备

图 1-11　MEP 公司生产的钢筋桁架焊接设备

图 1-12　MEP 公司生产的钢筋桁架焊接设备打弯机构

图 1-13　SCHNELL 公司生产的钢筋剪切线自动上料设备

图 1-14　SCHNELL 公司生产的钢筋剪切线

图 1-15　SCHNELL 公司生产的钢筋弯曲设备

图 1-16　SCHNELL 公司生产的钢筋弯箍机

图 1-17　SCHNELL 公司生产的钢筋笼滚焊机

图 1-18　SCHNELL 公司生产的钢筋网焊机

图 1-19　SCHNELL 公司生产的弯网机

图 1-20　SCHNELL 公司生产的梁柱、方形笼加工设备

　　意大利普瑞集团成立于 1961 年，普瑞集团旗下拥有包括艾巴维公司在内的六家公司，分别位于德国、意大利、比利时和加拿大，从事混凝土预制构件设备的生产。经营范围包括轮转式流水线，钢筋处理机械和自动化系统，各种立体异形构件的模具和预应力混凝土预制构件的生产设备；从混凝土轮转式流水线，到全套钢筋机械，到预

应力钢筋混凝土预制构件产品和各种异形结构产品，囊括了除圆形管之外的所有预制混凝土产品。普瑞集团更加侧重于预制混凝土构件方面的配套设备制造，致力于给高端客户打造完美方案。该公司凭借多年的经验积累，能够针对不同客户的不同需求给出完美的设备解决方案。该公司对钢筋加工设备能够做到灵活调整、灵活运用。

  普瑞集团制造的设备 M-System BlueMesh 系列柔性焊网机应用灵活、功能强大，网片成型后能够实现自动弯网、横纵筋弯折等进一步深加工。并且根据客户的要求还能提供自动夹持机械手等上料或运输设备，配合公司的钢筋加工管理和组织的软件能够达到完全的智能化自动化生产的目的，并且所生产的设备适应性强，如该公司生产的 M-System BlueMesh 系列柔性焊网机焊接的钢筋网可适应 $\phi 6 \sim \phi 16$ 的钢筋，而且可以随时切换，性能卓越（图 1-21～图 1-26）。

图 1-21　普瑞集团生产的钢筋弯箍机

图 1-22　普瑞集团生产的自动换料钢筋调直剪切、弯曲设备 1

11

图 1-23　普瑞集团生产的自动换料钢筋调直剪切、弯曲设备 2

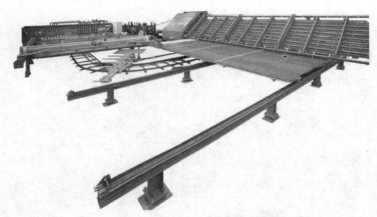

图 1-24　普瑞集团生产的柔性焊网机

图 1-25　普瑞集团生产的钢筋网片弯曲设备

图 1-26　普瑞集团生产的钢筋桁架运送设备

奥地利 EVG 公司 1949 年成立,主要生产钢筋直条和盘条深加工设备,其中有冷拉带筋钢筋生产线,钢筋桁架焊接设备,钢筋焊接网设备,钢筋加工设备,钢格板生产设备,3D 轻型墙板等设备,在该领域中一直处于世界前列。在欧洲、美洲、澳大利亚,亚洲的日本、韩国、新加坡、马来西亚等地享有盛誉。

EVG 公司一直在不断发展自己,致力于设计并制造用于生产焊接网以及对钢筋进行加工的机器设备。EVG 的名称就是质量和效率的同义词。EVG 公司的钢筋网焊接设备已出口到 50 多个国家,设备先进,经久耐用。欧洲第一本钢筋网标准由 EVG 编辑出版;焊接速度每分钟 280 根横筋的设备也由 EVG 发明。

EVG 公司桁架焊接设备有 GH 型、TS 型、TSD 型,其中 TS 型和 TSD 型桁架焊接设备在质量和先进性方面处于世界领先地位(图 1-27～图 1-31)。

图 1-27　EVG 公司生产的 GH 型钢筋桁架焊接设备

EVG 公司生产的 TS 和 TSD 型钢筋桁架焊接设备,采用液压驱动。液压钳式牵引方式,经久耐用。液压传动传递的功率大,液压装置由于质量轻、惯性小、工作平稳、

图 1-28　EVG 公司生产的 GH 型钢筋桁架焊接设备焊接电极

图 1-29　EVG 公司生产的 TS 型和 TSD 型钢筋桁架焊接设备

图 1-30　EVG 公司生产的 TS 型钢筋桁架焊接设备

换向冲击小，所以易实现快速启动，制动和高频率换向。这是其他传动控制方式无法比拟的。液压传动装置能在运动过程中实现无级调速，调速范围大（调速比可达 1：2000）、速度调整容易，而且调速性能好。液压传动装置易实现过载保护，能实现

图 1-31　EVG 公司生产的 TSD 型钢筋桁架焊接设备

自润滑，故使用寿命较长。液压传动装置调节简单、操纵方便，易于实现自动化，如与电气控制相配合，可方便地实现顺序动作和远程控制。

TS 和 TSD 型钢筋桁架焊接设备，拥有多组液压蓄能器，节能效果显著。蓄能器的作用是将液压系统中的压力油储存起来，在需要时又重新放出。其主要作用表现在以下几个方面：

1. 作辅助电源

某些液压系统的执行元件是间歇动作，总的工作时间很短，有些液压系统的执行元件虽然不是间歇动作，但在一个工作循环内（或一次行程内）速度差别很大。在这种系统中设置蓄能器后，即可采用一个功率较小的泵，以减小主传动的功率，使整个液压系统的尺寸小、重量轻。

2. 作紧急动力源

对某些系统要求当泵发生故障或停电（对执行元件的供油突然中断）时，执行元件应继续完成必要的动作。例如为了安全起见，液压缸的活塞杆必须内缩到缸内。在这种场合下，需要有适当容量的蓄能器作紧急动力源。

3. 补充泄漏和保持恒压

对于执行元件长时间不动作，而要保持恒定压力的系统，可用蓄能器来补偿泄漏，从而使压力恒定。

4. 吸收液压冲击

由于换向阀突然换向，液压泵突然停车，执行元件的运动突然停止，甚至人为的需要执行元件紧急制动等原因，都会使管路内的液体流动发生急剧变化，而产生冲击压力（油击）。虽然系统中设有安全阀，但仍然难免产生压力的短时剧增和冲击。这种冲击压力，往往引起系统中的仪表、元件和密封装置发生故障甚至损坏或者管道破裂，此外还会使系统产生明显的振动。若在控制阀或液压缸冲击源之前装设蓄能器，即可吸收和缓和这种冲击。

5. 吸收脉动、降低噪声

泵的脉动流量会引起压力脉动，使执行元件的运动速度不均匀，产生振动、噪声等。在泵的出口处并联一个反应灵敏而惯性小的蓄能器，即可吸收流量和压力的脉动，降低噪声。

EVG 公司生产的 TS 和 TSD 型钢筋桁架焊接设备，生产速度每分钟可达 7～36m，属于世界领先。

表 1-1 列出国外代表性钢筋加工设备厂家自动化水平及软件系统。

国外钢筋制品智能化加工设备厂家自动化水平及软件系统　　　　表 1-1

公司	钢筋生产线自动化水平	智能化软件管理系统
奥地利 EVG 公司	1. 桁架焊接生产线：实现钢筋自动上料，桁架宽度可调，可实现特殊的焊接要求。 2. 数控钢筋网焊接生产线：实现横筋和纵筋自动上料，可实现网片的开口自动焊接，焊接成品自动拉钩，形成与建筑用钢筋的无人工对接	完成钢筋产品从设计到生产一体化处理
意大利 MEP 公司	1. 盘条钢筋网片焊机设备：能够在最大指定的尺寸范围使用不同直径的线材，焊接成任何形状（带有预留的洞，窗户或开口）的钢筋网片。 2. 桁架焊接生产线：该设备由自动化电器控制，生产焊接、切割成型的箍筋桁架梁	实现钢筋产业主数据的管理及计划表和钢筋表的输入的程序。在主数据的基础上，可以形成新的计划表，可以对相应已有的计划表进行操作。能够打印钢材表、标签和计划表中能够加工的列表。接着输入的条形标签能被直接传递到机器
意大利普瑞集团	1. 钢筋定尺剪切弯曲成型设备：设备由自动化程序控制，消除了剪切和折弯单元之间中间存储和中间处理。该机器自动将需要折弯的钢筋从仅需进行长度剪切的钢筋中分出来。 2. 数控钢筋弯箍机：集弯箍、成型、剪切于一体，该设备为高端全自动电气控制，盘圆钢筋等均可加工	实现钢筋产业主数据的管理以及计划表和钢筋表的输入的程序。在主数据的基础上，可以形成新的计划表，可以对相应已有计划表进行操作。能够打印钢材表、标签和计划表中能够加工的列表。接着输入的条形标签能够被直接传输到机器

公司	钢筋生产线自动化水平	智能化软件管理系统
德国 PEDAX 公司	1. 数控剪切生产线:对棒材钢筋进行高质量的剪切、输送、存储、弯曲等一体化加工。 2. 数控钢筋网焊接生产线:需手动将纵筋插入安装在传输装置上,能实现网片开窗焊接要求。 3. 桁架筋焊接生产线:全自动数控焊接机,产能高,主筋和腹筋被伺服驱动的数控传输装置拉入焊接机	采用图形符号,操作系统良好,操作简单、直观

1.2.2 国内钢筋制品智能化加工设备的现状

目前国内的数控钢筋加工设备的设计研发、生产制造发展迅猛,年生产总量约7000 台,年产销量位于世界前列。由于近些年我国城市建设的飞速发展,使内钢筋加工行业也在快速进步。在参考 MEP、SCHNELL、PROGRESS、日本、韩国等公司产品情况下,结合现有技术,国内钢筋加工设备的技术水平迅猛提高,许多新型产品不断涌现。常用的数控钢筋加工设备种类已经全部开发出来,数控钢筋弯箍机、钢筋剪切生产线、钢筋弯曲生产线、钢筋网焊接生产线、钢筋笼焊接生产线、钢筋桁架焊接生产线等自动化生产设备得到广泛应用,主要功能方面已经处于国际一流水平,对钢筋的适用性优于国外设备。设备采用伺服电机、PLC 控制技术和工业级触摸屏人机交换界面技术,对于钢筋加工原材料的运输、焊接以及成品的收集工作都可以实现自动智能化的控制,大大减轻了工人劳动强度,提高了生产效率和加工质量,大大缩减了与国外钢筋加工机械产品的技术差距。

近些年国内工业整体水平的提升包括材料、热处理、机械加工、电气、焊接等技术方面的进步,也提高了设备的质量和稳定性。国内知名的几家钢筋加工设备生产企业,靠完善的产品设计、采购、工艺制造、产品检测、售后服务体系,质量已经达到国际先进水平,实现了我国钢筋加工机械产品的出口,提升了我国钢筋加工机械产品的国际知名度。但国内钢筋加工设备在自动换筋、加工后自动输送、方形笼自动化生产、自动焊接等领域还有很多不足,需要进一步研发提升。从国内的钢筋加工市场形势来看,多数路桥、住宅工地仍采用现场钢筋加工,采用的都是一些简单的数控钢筋设备。并且由于现场场地的限制,无法应用大型的自动化生产线。而且钢筋加工的规格种类频繁更换,达不到统一规划统一生产,致使钢筋加工设备无法连续工作,效率降低。加上现场工作环境恶劣,对设备保护维护不当,导致设备故障率增高。虽然国内也有钢筋加工配送工厂，但工厂数量多规模小，承接的也都是一些简单的成型钢筋制品，这样的生产规模是无法促进钢筋加工设备技术发展的。相反的，这会制约钢筋加工设备技术的发展，设备厂家不再愿意去大力投入研发高端新产品，而是改进老产品增强质量，降低成本去争夺低端老产品的市场。随着国家对住宅产业化的推进，预制混凝土构件工厂将兴起，这将是一股推动国内钢筋加工设备发展的新浪潮。

2016 年，中国铁建对合作多年的钢筋加工设备生产企业，在技术力量、产品质量、售后服务、企业信誉等方面进行优选，最终选择了天津市银丰机械系统工程有限公司、廊坊凯博建设机械科技有限公司、青岛长川重工机械制造公司等六家企业为战略合作框架协议供应商。

天津市银丰机械系统工程有限公司，始建于 1988 年，目前在马来西亚、新加坡、印尼、印度、伊朗、波兰、巴西、阿根廷有服务中心，在澳大利亚有子公司。

生产产品种类比较多，包括数控钢筋弯箍机，钢筋剪切线，钢筋锯切套丝生产线，数控钢筋弯曲机，数控钢筋笼加工设备，钢筋桁架生产线，柔性焊网机，弯网机，钢筋调直机，梁柱生产设备，钢筋冷拔设备，钢筋焊接机器人，BIM、MES 等钢筋加工管理软件。

天津市银丰机械系统工程有限公司是中国中铁、中国铁建、中国交建、中国建筑等多家单位的合作供应商，多年来为上述公司提供了近万台数控钢筋加工机械，服务于世界的每个角落。为中俄黑龙江大桥、印尼雅万高铁、巴基斯坦喀喇昆仑公路、赤道几内亚巴塔港、巴西奥运场馆、阿根廷圣克鲁斯河水电站等举世瞩目的重大工程提供了产品和服务。

预制混凝土构件类的主要用户有：中建科技长春公司、中建科技天津公司、中建科技河南公司、中建科技镇江公司、中建科技上海公司、中建科技湖州公司、中建科技深圳公司、中建科技玉林公司、中建科技绵阳公司、中建科技贵阳公司。

天津市银丰机械系统工程有限公司的产品功能、产能、节能等方面基本上与国外产品接近。数控钢筋弯箍机采用曲线调直方法，加工出的产品尺寸精确；既可以生产箍筋，也可以生产板筋。数控钢筋弯曲机采用可更换的耐磨轨道，大大延长了设备使用寿命，可以加工大直径的棒材产品。钢筋笼加工设备采用自动焊接，焊接过程不需要人工参与。Robot16 钢筋弯曲机可以自动上料、加工、落料，自动切换不同直径的钢筋，钢筋加工实现了无人化生产。钢筋剪切线可以自动吸取原料，定数量剪切。钢筋桁架生产线加工范围大，加工产品高度 70～350mm，生产速度每分钟 7～24m，采用液压驱动节能效果显著，剪切规格不受 200mm 节距的限制，可以任意尺寸剪切，功能要优于国外同类产品。柔性焊网机可以自动切换加工不同直径的钢筋，可以生产开孔网，可以弯网，可以生产各种钢筋梁柱。班产量25t，加工效率高于国外同类产品。纵筋间距不受50mm的倍数限制，可以任意尺寸调整，功能优于国外产品。数控钢筋调直切断机采用伺服电机牵引、旋转调直、剪切，可以任意尺寸自动定尺，变更尺寸不需要人工调整，实现了自动化控制（图1-32～图1-43）。

图 1-32　天津银丰公司的 YFB12D 型数控钢筋弯箍机

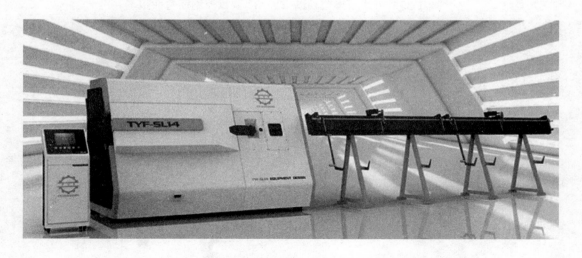

图 1-33　天津银丰公司的 YFB12E 型数控钢筋弯箍机

图 1-34　天津银丰公司的 Robot16 型数控钢筋弯曲机

图 1-35　天津银丰公司的 YFH32 型数控钢筋弯曲机

图 1-36　天津银丰公司的 Robot40 型数控钢筋弯曲机

20

图 1-37　天津银丰公司的 YFM2000 型数控钢筋笼滚焊机

图 1-38　天津银丰公司 JQ1200 型的数控钢筋剪切线

图 1-39　天津银丰公司的数控钢筋锯切套丝生产线

图 1-40 天津银丰公司的方形钢筋笼、梁柱加工设备

图 1-41 天津银丰公司的 YFE350 型数控钢筋桁架生产线

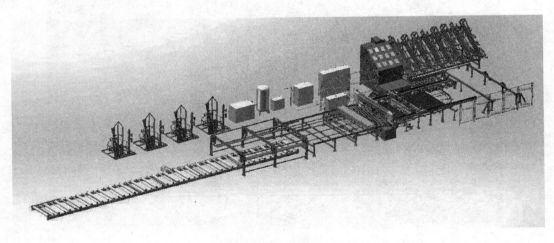

图 1-42 天津银丰公司的柔性焊网机

图 1-43　天津银丰公司的数控钢筋调直机

　　廊坊凯博建设机械科技有限公司，于 2003 年 3 月注册成立。主要产品：智能化钢筋加工成套设备、钢筋机械连接产品；电梯配套设备及其部件；砂浆、混凝土及其制品机械；高空作业机械；起重机械及安全部件；桩工机械等。

　　产品销售范围：覆盖全国大部分省市地区，海外市场也初具规模，其中施工升降机、擦窗机、钢筋机械、桩工机械、混凝土机械等产品已陆续进入俄罗斯、美国、东南亚、南亚、中东、拉丁美洲等海外市场（图 1-44～图 1-51）。

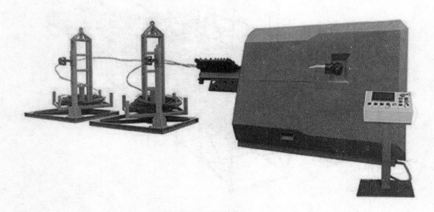

图 1-44　凯博机械公司的数控钢筋弯箍机

图 1-45　凯博机械公司的数控钢筋弯曲机

图 1-46　凯博机械公司的数控钢筋笼滚焊机

图 1-47　凯博机械公司的数控钢筋剪切线

图 1-48　凯博机械公司的数控钢筋调直机

图 1-49　凯博机械公司的数控钢筋锯切套丝生产线

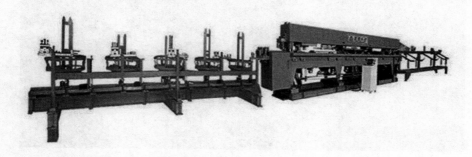

图 1-50　凯博机械公司的数控钢筋桁架生产线

图 1-51 凯博机械公司的数控钢筋网焊机

施耐尔机械（天津）有限公司，由意大利 SCHNELL 集团投资成立。营业范围：生产和销售各种自动化建筑用钢筋加工设备（如：数控钢筋弯箍机、钢筋调直切断机、棒材钢筋剪切生产线、棒材钢筋弯曲中心、钢筋笼柱成型设备等），提供相关技术服务及钢筋加工中心管理软件。可以满足各种类型钢筋加工中心的不同需求（图 1-52～图 1-56）。

图 1-52 施耐尔机械（天津）有限公司的数控钢筋弯箍机

图 1-53　施耐尔机械（天津）有限公司的数控钢筋弯曲机

图 1-54　施耐尔机械（天津）有限公司的数控钢筋笼滚焊机

图 1-55　施耐尔机械（天津）有限公司的数控钢筋剪切线

图 1-56　施耐尔机械（天津）有限公司的数控钢筋网焊机

表 1-2 列出国内代表性钢筋加工设备厂家自动化水平及软件系统。

国内钢筋制品智能化加工设备厂家自动化水平及软件系统　　　表 1-2

公司	钢筋生产线自动化水平	智能化软件管理系统
天津市银丰机械系统工程有限公司	1. 桁架焊接生产线：实现钢筋自动上料，桁架宽度可调，可任意尺寸剪切，采用液压蓄能器装置，节能效果显著。 2. 数控钢筋网焊接生产线：实现横筋和纵筋自动上料，可实现网片的开口自动焊接，焊接成品自动弯曲，任意直径钢筋自动切换，采用中频焊接技术，节能效果显著，纵筋间距无极调整，不受 50mm 间距的限制	MES、BIM 智能化软件管理系统
廊坊凯博建设机械科技有限公司	包括数控钢筋弯箍机、钢筋调直切断机、数控立式弯曲中心、数控剪切生产线、自动钢筋桁架生产线、数控钢筋焊网机、钢筋直螺纹套丝机等设备，部分设备可实现自动上料，自动加工	MES 智能化软件管理系统
施耐尔机械（天津）有限公司	1. 数控钢筋弯箍机：可以同时加工双线，压轮调直方式，可以从上、下、前、后四个方向调直钢筋。 2. 数控钢筋剪切生产线：集原料分类储存、输送、长度测量、剪切、分类收集等功能于一体。 3. 数控棒材弯曲中心：可以和剪切线联机使用；只需一人操作	Coil-H-Control 软件

1.3 钢筋制品智能化加工技术发展趋势

随着建筑技术的不断进步和人力成本的逐步提高，钢筋制品的工厂化、智能化加工和配送已成为社会生产力发展的必然趋势，欧美发达国家已经基本实现了钢筋制品工厂化集中加工和配送。主要做法有：一是设立成型钢筋制品加工工厂，专门从事钢筋制品加工业务，承接各建筑工程项目、预制混凝土构件厂的钢筋制品加工制作，统一进行大批量生产，并且能够应用多台设备同时加工，更加有利于设备的统一管理和维护保养。二是在预制混凝土构件工厂配备钢筋加工生产线，直接参与混凝土构件的生产，工厂内部形成一体化的生产模式。这些集中化加工的生产方式将极大地提高钢筋加工的生产效率，同时也有利于对钢筋加工设备的研发、试验和应用，加快钢筋加工的技术进步。

随着钢筋加工设备全自动化的变革，钢筋加工软件技术的应用也会随之发展和普及，与 BIM、ERP 等软件兼容，自动接收图形和任务单，自动排产，自动生产、检测、储存、配送。对需要加工的钢筋自动进行汇总统计，生成钢筋加工单。同时，采用"智能筛"优化系统进行优化断料，大幅度降低钢筋加工损耗，提高经济效益。欧美发达国家已经基本实现全工厂化集中加工和配送并已经逐步实现钢筋加工的标准化，这将极大地促进钢筋加工技术的进一步发展，并且欧美等发达国家一直在实行装配式建筑模式，已经将钢筋制品与混凝土预制构件生产过程一体化，实现了钢筋加工与建筑业的工厂内部结合。目前国外钢筋加工设备自动化程度已经很高，而且钢筋加工生产线与混凝土预制构件生产线已初步实现了自动化衔接，但距离"无人化"工厂还有一定距离。尤其在国外人口密度小、人工成本高昂，并且人们对生活的质量需求日益提高，不再愿意从事劳累的体力工作。随着机器人及物联网等大量应用，国外钢筋加工技术将朝向"无人化"工厂发展，不断地提高设备的产能，不断地提高检测、监测系统的稳定性，使预制构件工厂真正地达到高产能、高质量、高效率的无人化生产。

近几年，国内钢筋加工设备水平也已逐步赶上，模式上也逐步转向集中化加工的生产方式。随着国家大型工程项目的相继启动，将促使国内钢筋加工向研发高技术含量、高附加值的大型成套加工设备、专用成套设备方向发展。国内钢筋加工设备也将向自动换筋、自动进料、剪切、打包、输送等全自动方向发展。钢筋焊接设备向高速、变频焊接控制、中频焊接系统等方面发展。国内钢筋加工设备厂家需要进一步对市场需求深入了解，紧跟建筑业的发展脚步，对钢筋加工的新工艺进行了解和研究，注重对钢筋加工工艺使用场合与解决方案的经验积累，针对需求量大的产品有针对性地开发专用型生产线，争取在追赶国际脚步的同时也能有自己的新突破。

但是，随着智能化渗透到社会的方方面面，各个行业争先恐后进行智能化转型。作为传统的土木行业也要进行智能化改造，这不仅仅是因为要与其他行业齐头并进，更是因为随着我国新基建的发展，建筑物形体日趋发展的庞大和复杂，再采用以往的建造方式市场就会供不应求。这种情况下，土木行业亟须进行智能化改造，这样一来便对使用材料（如钢筋）的生产和供应提出了全新的要求。如此一来，钢筋加工技术的落后会钳制住项目的开展进度，进而影响整个土木行业的发展速度。因此，钢筋加工迫切要突破这一瓶颈，也需要展开智能化加工。钢筋的智能加工需要从智能制造技术、智能协同的经营理念、节能减排等方面进行革新。

1.3.1 智能制造技术

智能制造（Intelligent Manufacturing）是指依靠智能化系统和技术，摒弃产品在传统生产过程中的不合理之处，争取能在技术上有所突破，最终实现在生产过程中对人力的过度依赖，让产品的生产质量和效率得到提升的过程。钢筋的智能建造依赖于BIM（Building Information Modeling）的软件化数字处理和先进的钢筋加工设备（如柔性焊网机、钢筋桁架生产线、数控钢筋弯箍机、数控钢筋剪切线、钢筋调直机器人）生产线。由传统的人力加工引入 BIM 技术，将信息化传递到钢筋的加工生产全过程。

如图 1-57 所示，钢筋的智能制造集成了各环节信息化模式，以建筑信息模型（Building Information Modeling，BIM）为主要载体，企业资源规划（Enterprise Resource Planning，EPR）、制造执行系统（Manufacturing Execution System，MES）、仓储管理系统（Warehouse Management System，WMS）、加工控制系统（Process Control System，PCS）、物流管理系统（Transportation Management System，TMS）共同协助工作的体系，实现脱离人脑决策，钢筋的智能制造加工流程。智能化钢筋加工流程可具体分为准备、加工配送、安装阶段。

准备阶段时，根据建筑结构施工图运用 BIM 技术对钢筋翻样，编制成电子钢筋下料单，下料数据通过 BIM 轻量化平台传送至企业资源规划系统（ERP）。当不满足生产条件时，需重新检查电子钢筋下料单的数据；满足合同执行条件时，ERP 系统会把获取的数据推送至制造执行系统（MES），MES 系统在优化套材后指挥仓储管理系统（WMS）进行原材料准备与抽样检查并将信息反馈给 MES，MES 系统根据不同项目形成生产计划，按照生产计划逐一打印料牌后下发生产指令。加工配送阶段时，下发的指令传送给底层加工控制系统（PCS），PCS 按生产顺序分配加工生产设备，再通过一系列设备配合完成加工。生产结束后，将生产过程信息反馈给 PCS，由 PCS 对WMS 下发指令，将成品堆放信息传递给物流平台（TMS），最后 TMS 系统发布货源信息。安装阶段时，承运商安排抢单派车将产品送至工作地点后，客户可对产品进行清点和扫码验收，并按照料牌提供信息转送至各工作面，如有需要客户可查看 BIM 模型，了解钢筋安装部位和技术要求。

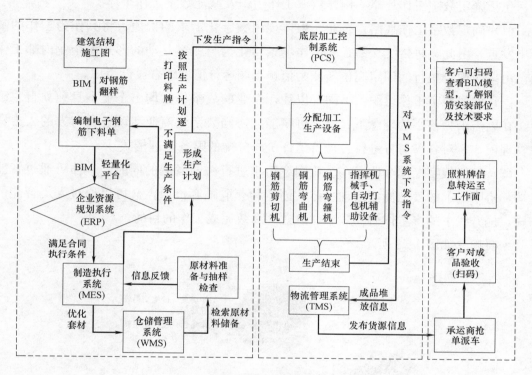

图 1-57　钢筋智能加工流程

以中铁十四局丰台站改建工程二标段钢筋加工配送中心为例，钢筋的智能制造以 BIM 为人机交互的载体，完成人与机器的信息交换。通过整合资源，形成了产品设计、采购、生产、销售及服务的全过程高效协同供应链。平台端进行各步骤的数字信息整合分析，将信息共享给移动端，进而融入企业的管理层，不同权限的用户可根据需求扫描钢筋成品的二维码，进一步实现可控和预防。

1.3.2　智能化协同理念

数字化改变了商业活动，给消费者带来了全新的体验；同时也给企业传统的经营观念带来了更大的冲击。在以往的经营模式中，是以企业为主导对象将商品供应给消费者；随着信息化的发展，市场不断涌现出另一种全新的态势：消费者的大规模增长使得企业无法满足消费者的需求，钢筋加工业可以说是传统经营观念的其中一个典型代表。技术设备的完善更新的确满足了部分需求，但在庞大的消费群体需求下，仅仅将内部技术更新换代是杯水车薪。

智能钢筋加工不应局限于以往的经营模式，应当将重心由企业本身转为顾客需求，以需求为核心创造"智能协同"方式来重塑智能化工作战略，其基本分为三个方面，包括确定数字工作战略、构建数字工作组织及赋能数字工作个体。

（1）确定数字工作战略：企业大力体现出数字化需求的价值，将其作为工作的基本出发点。由此，将传统交易式的工作场景转化为与顾客互动的形式；企业内部工作角色由按照规定执行的固定岗位转变为依赖于顾客价值的综合设计考虑。

（2）构建数字工作组织：不同于以往，企业的战略目标均由企业本身独立自主确定，在以需求为核心的理念下，建立可赋能、协同数字化商业活动各参与方的人力资源管理模式；对各参与方进行合理价值评价与分配的财务管理模式。

（3）赋能数字工作个体：在企业围绕需求进行协同发展的同时，个体可通过智能终端，协同线上的其他商业活动主体，创造和获取顾客价值，又可以通过人工智能的方式，提升线下的多主体协作效率，以达到高效完成工作的目的。

主要理念如图 1-58 所示。

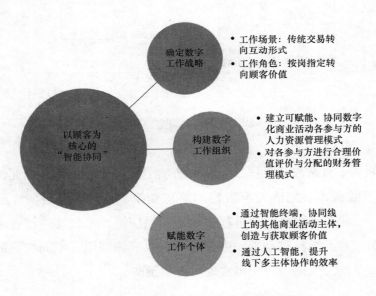

图 1-58　以需求为核心的智能协同

在有了上述的理念后，传统的钢筋加工生产要打破现有的供需对接方式，不再是以企业为主导，顾客为从属。先要厘清顾客价值，逐渐向产品个性化、模块化过渡。传统钢筋加工可以跟随互联网领域的模式：对顾客需求进行专业化分析，定制打造围绕顾客需求的商品，此时再进行专业、有方向的供需对接，可谓是一种有效途径。

钢筋生产加工作为传统制造业，其智能化程度在一定方面上可决定土木行业的发展，在完善设备和利用数字化、信息化技术改进加工工艺的同时，也要转换企业经营模式，慢慢走向业务智能化，完善市场供需对接，形成一个脱离人工判断、以智能建造为主，数字化平台为辅，佐以智能化业务协同和供需对接为后期服务的钢筋加工生态圈。

1.3.3 节能减排技术

1. 建筑机械节能应用概况

（1）建筑机械节能现状

近年来，随着我国城镇化步伐的不断加快，建筑业迅速发展。据统计，到 2020 年我国的建筑总面积达到约 700 亿 m²。这一庞大的数据显示了建筑行业的巨大潜力，然而建筑行业也是一个高能源消耗领域，随着建筑面积的不断增加能耗也在不断地增加。据统计，在全社会能耗的三分之一来自于建筑业。我国的人口众多，人均资源较少，即便是能源大国，节能减排也是当下的主要关注点，已经迫在眉睫。而这么大的能耗与建筑工程中的建筑机械是密切相关的。建筑机械作为建筑工程中的主要机械设备，它的节能对于整个建筑业的节能效果来说很重要。

西方发达国家由于发展较早，建筑机械发展水平较高，这就使得其建筑机械的节能工作开展的较早，水平较高，制度以及标准体系都比较完善。而我国建筑机械的节能工作开展较晚，水平较低，又由于法律制度以及标准体系不完善，使得各方面的指标都偏低，严重地制约了我国建筑机械的健康发展。针对这种情况，国家对此投入了大量的人力、物力，希望对建筑机械的健康发展提供一定的帮助。但是不容忽视的是目前我国建筑机械行业的发展水平仍然较低，这也使得建筑机械的节能成为今后一种必然的发展趋势。

（2）建筑机械节能存在问题的原因

1）建筑机械节能制度的缺失与不完善。我国的建筑机械节能工作开始较发达国家晚，这使得从国家宏观角度来说缺乏完善的法律制度以及标准要求，使得建筑机械节能工作的顺利进行受到了限制。此外，国内的建筑企业对于节能减排的环保意识还比较淡薄，利用的建筑机械往往只是考虑眼前成本而放弃更为长远的环境成本。在监管制度上对于建筑机械制造企业的监管力度不够，由于没有相关的法律作为保障，监管部门无法可依，使得管理缺失，进而造成设备落后，很多新技术、新工艺没有得到长足的应用和发展。而企业又没有相关的机械节能条例，没有一系列的节能标准规定，浪费严重，设备损耗大。另外企业对于使用中机械的维修不及时，超负荷运转，使得机械处于危险状况下。

2）建筑机械设备的落后研究表明，建筑机械的动力系统与作业系统连接程度的好坏直接影响着节能的效率以及工作效率。而我国的建筑机械由于技术水平落后，动力系统常常是消耗大而效率低，磨损也比较严重，整体的性能较差。这样一来就使得整个建筑机械效率大打折扣，落后的建筑机械设备消耗的能源大，产生的污染也就更为严重，甚至在工作过程中噪声特别大还夹杂粉尘，这些都给施工周边的环境带来了影响，与整个社会提倡的节能减排，保护环境的理念相违背，更阻碍了整个机械行业的发展。

2. 改善措施

通过以上分析建筑机械节能存在问题的原因，需要从以下几个方面进行改善。

（1）建立完善的建筑机械管理制度。当下全国正在进行以节能减排、保护环境为主题的节能环保行动。各级管理部门要抓住这个契机，建立完善的监管部门，并且各级监管部门要加大执法力度，确保将有法可依，有法必依，违法必究落到实处。对于那些能耗大而效率又低的机械设备责令强制报废，从而达到全面的治理。另外还要加强宣传的力度，做好与企业的沟通，营造出良好的社会节能氛围。同时，建筑机械企业要结合自身的发展情况与实际，制定出切实可行的节能标准体系，按照相关法律法规完善自身制度，做到定期检查和维修，使机械始终处于良好的运行状态，为社会的节能减排做出贡献。

（2）加强建筑机械设备的安全管理。一些企业由于目光短浅，只看到了短期利益，忽略了长期的利益，对机械设备的管理维护不是特别的重视。经常安排部分非专业人员来管理设备，由于现在设备的种类繁多以及一些管理人员管理知识的匮乏，使得机械在操作过程中使用不当造成损坏，利用率受到影响。因此，企事业单位要慎重考虑各种利益，聘用专业的人员管理与操作设备，定期检修，确保机械设备能够高效率的运转，节约能源。

（3）合理的选用设备。不同的设备由于不同的结构与性能，其工作效率是不同的，能源的消耗以及使用的要求也不同。但在实际生产当中大多数的施工单位在选用机械设备时忽略了这些不同一味强调完成任务，这大大降低了机械设备的效率，增加了机械设备的能耗。因此，施工单位在进行施工时要科学合理地选用建筑设备，只有这样才能够充分地发挥机械设备的工作效率，降低其能源的消耗。

建筑机械的节能过程是漫长的过程，这直接关系到整个行业的可持续发展。各个单位应该重视建筑机械的节能，从自身做起，强调好机械设备的管理与操作，制定完善的管理制度定期对机械设备进行修检从而提高设备的效率，降低能耗。政府部门要制定好法律法规，并且落实好监管职能，真正做到为节能创造良好的氛围。表1-3是常用钢筋加工设备的能耗控制参考标准，可供设备使用单位做设备选型和管理参考。

序号	设备名称	能耗计量单位	能耗参考定额	最低能耗	最高能耗	备注
1	数控钢筋弯箍机	t/kWh	7	6	9	
2	数控钢筋调直切断机	t/kWh	8	7	12	
3	全自动钢筋桁架生产线	t/kWh	25	20	35	1. 宜采用液压传动,比功率大,节能;宜采用多组节能的液压蓄能器驱动,节省效果显著。 2. 宜采用变频焊接,比工频焊接节能 1/3;电极块使用寿命延长 3 倍
4	全自动网片焊接机	t/kWh	25	20	35	1. 中频焊接,比工频焊接节能 1/3;电极块使用寿命延长 3 倍。 2. 宜采用网片周边全部焊接,中间间隔交错焊接,综合节省 50% 的电费
5	数控钢筋剪切线	t/kWh	1	0.8	1.5	
6	全自动数控弯曲机	t/kWh	2	1.7	2.5	

第 2 章　数控钢筋加工设备的种类和性能

随着现代机械的自动化、智能化的飞速发展，机械代替人工已成为必然趋势。在钢筋加工行业，数控机械设备也已经得到大量的推广及应用。公路、铁路、隧道、桥梁、住宅等行业所应用的各种钢筋骨架都在从起初的人工慢慢更替为机械化生产，从而提高效率、提高质量、减少人工作业的疲劳和危险。由于本书内容所限，本章仅介绍几种关于装配式建筑的预制混凝土构件中常用的钢筋加工设备。

2.1　数控钢筋弯箍机

2.1.1　设备主要类型

数控钢筋弯箍机是集钢筋的矫直、弯曲、切断于一体，通过逻辑编程可实现自动加工各种复杂钢筋制品的设备。数控钢筋弯箍机主要应用于复杂形状的箍筋连续批量制作，适用于建筑冷轧带肋钢筋、热轧三级钢筋、冷轧光圆钢筋和热轧盘圆钢筋。相比于手动弯曲机，它具有效率高、适应性强、故障率低、速度快、自动化程度高等特点，是钢筋集中加工生产中不可缺少的一种设备。而且数控钢筋弯箍机占地面积较小，产能高，在施工工地和钢筋加工工厂都有应用。该类设备已经是钢筋加工设备中的成熟产品，国内外很多厂商都能制造。目前，国产数控钢筋弯箍机在国内市场的占有率较高，主要原因是进口数控钢筋弯箍机价格过高，在质量方面并没有比国产设备有更大优势。随着市场占有率的扩大，国产数控钢筋弯箍机的技术会不断改进，进一步提高效率和质量。

目前世界上的数控钢筋弯箍机按加工能力来区分主要有 12 型、14 型、16 型、20 型、28 型等。这种型号定义主要是依据数控钢筋弯箍机加工单根钢筋的最大直径确定的，如 12 型最大可加工单根钢筋直径 $\phi 12$。为了增大产能，数控钢筋弯箍机也能够对双根钢筋进行同时弯曲，当然相应的加工钢筋直径也要随之减小。数控钢筋弯箍机主要是以盘圆钢筋为原材进行箍筋的制作，因此现在市场上 16 型以下的数控钢筋弯箍机应用较多。并且这类数控钢筋弯箍机占地面积小、产量高、价格较低，适用于大批量生产。而类似 20 型、28 型的一般需要适用盘圆和直条钢筋两种原材，这就要求放线部分的结构方式既能适应盘圆钢筋也能适应直条钢筋，并且要确保切换原材方便快捷。20 型一般可加工 $\phi 8 \sim \phi 20$ 的钢筋制品，28 型可加工 $\phi 10 \sim \phi 28$ 的钢筋制品，也就是说这该类设备至少适应 8 种以上规格的钢筋线材加工。根据钢筋制品的要求，钢筋的规格不同其钢筋制品的弯曲半径和弯折长度也都不尽相同，这就需要配套多种固定模具和多种规格的弯曲轴套以便更换。适应如此多的钢筋加工种类在机械结构方面是一个大的挑战，因此能够生产这种设备的厂家较少，设备价格也相对较高，并且为了适应大规格钢筋制品的生产，设备主机配备功率较大、能耗较高。但这类设备功能多，适应性强，可以一机多用，尤其适用于产量小但生产规格较多的钢筋制品生产厂，对于这种类型的数控钢筋弯箍机国内应用较少。

图 2-1　加长钣金型数控钢筋弯箍机外观

　　按照功能分类数控钢筋弯箍机分为普通型、加长钣金型、3D 型数控钢筋弯箍机。普通型数控钢筋弯箍机属于市场上的标配产品，涵盖了数控钢筋弯箍机的一些基本功能，能够加工一些常用的钢筋制品，加工的箍筋最大尺寸一般不超过 1.5m，这是由于受数控钢筋弯箍机的弯曲轴距地面高度限制。如果所需的箍筋长度过长就需要改变弯曲工艺，先弯曲钢筋的一端，弯曲完毕后定尺切断钢筋，由机械手将切断后的钢筋夹紧，再弯曲钢筋的另一端。这种工艺可以采用加长钣金型数控钢筋弯箍机（图 2-1）来实现，其原理和数控钢筋弯曲中心类似，不同之处在于数控钢筋弯箍机的弯曲机构不移动，由机械手夹持的钢筋移动来配合完成弯曲加工。这种设备目前加工的最长钢筋可达 12m。而且这类数控钢筋弯箍机对钢筋线材进行矫直后可直接定尺切断钢筋，从而代替调直切断机的功能。

　　3D 型数控钢筋弯箍机是近些年的新产品，该类设备能够完成立体钢筋制品的加工，如螺旋箍筋、立体八字筋等钢筋制品，如图 2-2 为 3D 型数控钢筋弯箍机。但 3D型数控钢筋弯箍机在国内的推广和应用还较少，国内外设备厂家都是以普通型数控钢筋弯箍机的高配形式来订制 3D 型数控钢筋弯箍机。对于这类新产品还没有全面的推广，大多数工厂制作立体式箍筋还是利用小型弯曲机通过人工操作来实现。

图 2-2　3D 型数控钢筋弯箍机

2.1.2　技术参数及功能特点

以下对国内常用的数控钢筋弯箍机设备技术参数进行对比分析（表 2-1）。

数控钢筋弯箍机设备技术参数　　　　　　　　　　　　　表 2-1

型号	YFB12D	YFB14D	YFB16D
单线钢筋直径	$\phi 5 \sim \phi 13$	$\phi 5 \sim \phi 14$	$\phi 5 \sim \phi 16$
双线钢筋直径	$\phi 5 \sim \phi 10$	$\phi 5 \sim \phi 10$	$\phi 5 \sim \phi 12$
最大弯曲角度(°)	±180	±180	±180
最大弯曲速度(°/s)	1450	1450	1400
最大牵引速度(m/min)	130	130	110
侧筋最大长度(mm)	1300	1300	1300
侧筋最小长度(mm)	60～90	60～90	60～90
长度补偿(mm)	±1	±1	±1
弯曲补偿(°)	±1	±1	±1
平均气压消耗(1/min)	600	600	600
平均电力消耗(kWh)	4	4.5	5.5
电压(V)	380	380	380
总机重量(kg)	2900	2960	3100
主机尺寸($L \times B \times H$,mm)	3500×1400×2100	3500×1400×2100	3600×1500×2300
弯曲方向	双向	双向	双向

从表 2-1 中的参数可以看出数控钢筋弯箍机单线加工钢筋直径一般在 $\phi 5 \sim \phi 16$，这是由于数控钢筋弯箍机主要用于连续生产批量的箍筋，其原材料大多为盘条钢筋，而盘条钢筋的直径一般在 $\phi 16$ 以下。由于设备高度限制，弯折后的钢筋平直段长度一般不能超过 1300mm，否则钢筋在弯曲时可能会碰到地面发生危险。如果的确需要加工这种较长箍筋，可以采用工作面可调整的数控钢筋弯箍机，通过调整设备工作面与地面的倾角可以弯曲较长的箍筋，但仍然在一定程度上受到限制。三种型号的牵引速度都在 130m/min，也就是说理论上满负荷工作的最快速度，每分钟可以加工 130m 钢筋，当然这只是个理想数值，还要考虑到弯曲和切断的时间。无论如何对比，数控钢筋弯箍机相比人工手动的弯曲机优势是显而易见的。

数控钢筋弯箍机有以下特点：

（1）自动化程度高，可预先输入超过 500 种加工图形，加工时直接调用，图 2-3 为数控钢筋弯箍机图形存储界面。

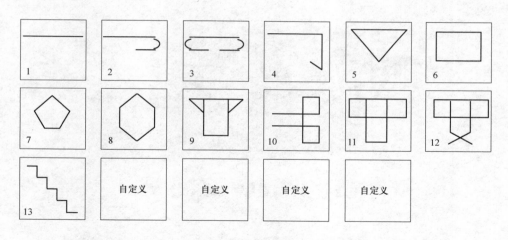

图 2-3　数控钢筋弯箍机图形存储界面

（2）调用图形后，钢筋调直、牵引、弯曲、切断全过程自动完成，按数量和批次自动进行生产。

（3）可以双筋同时弯曲，生产效率提高一倍。

目前国内外数控钢筋弯箍机均能实现单线或双线加工，但由于数控钢筋弯箍机速度快、产能高，加之国内预制构件工厂后道工序产能过低，多数工厂仅使用单线加工就能满足后道工序的使用。而且使用双线加工会大大缩短如切刀，弯曲轴头等易损件的使用寿命，降低经济效益。

（4）采用伺服电机及伺服驱动器，运行精度高，稳定可靠。

由于伺服系统越来越快的发展，成本已不再像过去那样昂贵，而且可靠性和精确性都非常高。所以数控钢筋弯箍机也很大程度上采用了伺服系统以保证钢筋加工的精确度。

2.1.3 设备结构介绍

数控钢筋弯箍机种类多样，但形式及结构大同小异，在功能方面是都一致的。图 2-4 是国内某厂数控钢筋弯箍机外观。在国内，数控钢筋弯箍机已经属于成熟设备，产能、能耗、加工精度方面与国外设备相差无几，能加工方形、梯形、U 形、圆形等箍筋。从目前的国内市场需求来看，自动化智能化是设备发展的趋势，国内数控钢筋弯箍机也应逐步加强设备的智能化，尤其是在设备故障反馈、成品钢筋检测、生产过程监测等方面。以国内某厂家数控钢筋弯箍机为例，介绍一下数控钢筋弯箍机各组成机构。图 2-5 为国内某厂家数控钢筋弯箍机设备简图，主要由横向调直、纵向调直、

图 2-4 某厂家数控钢筋弯箍机外观

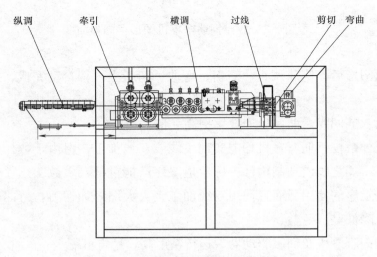

图 2-5 数控钢筋弯箍机设备简图

牵引机构、剪切机构以及弯曲机构组成。数控钢筋弯箍机主要结构由这五部分组成，区别在于动力系统和电器控制方面。动力系统有采用液压系统的，有采用气动系统的。电控方面国外设备厂家的数控钢筋弯箍机有故障检测反馈系统、牵引压力调节反馈系统等。

2.2　数控钢筋弯曲中心

2.2.1　设备主要类型

数控钢筋弯曲中心是通过设备机头的移动对单根或多根直条钢筋同时进行一次或多次弯曲实现各种钢筋制品半自动加工的设备。数控弯曲中心主要加工长度不超过12m的直条钢筋，属于半自动化钢筋加工设备，设备本身没有自动上料和卸料系统，需要人工或机械手辅助。其原材料大多是从钢厂采购成捆的直条钢筋或经过定尺切断的直条钢筋，可直接放到上料架上待加工。数控钢筋弯曲中心较数控钢筋弯箍机能同时弯曲更多且规格更大的钢筋。目前数控钢筋弯曲中心按照加工能力分可分为 32 型、40 型、50 型等设备。这种型号定义主要是依据数控钢筋弯曲中心加工单根钢筋的最大直径确定的，如 32 型最大可加工单根钢筋直径 $\phi32$。比 50 型还要大的数控钢筋弯曲中心不是很常用，如果需要做更大的就要跟设备厂家咨询订制。

按照结构形式分类数控钢筋弯曲中心可分为立式弯曲中心、斜台式弯曲中心、平面式弯曲中心。这种分类方式是根据设备的弯曲工作平面与地面所成角度来定义的。弯曲工作平面与地面垂直的称为立式弯曲中心，与地面成一定角度的称为斜台式弯曲中心（图 2-6），与地面平行的称为平面式弯曲中心（图 2-7）。

图 2-6　斜台式数控弯曲中心

图 2-7　平面式数控钢筋弯曲中心

这三种类型主要区别在于对钢筋弯曲长度的限制以及操作难度。立式弯曲中心的弯曲模具中心距地面的高度限制了钢筋向下弯折的长度，一般不超过 0.8m。如果钢筋所需的弯曲长度超过这个数就必须要向上弯折，并且如果弯折长度过长（2～3m）钢筋会出现晃动，对后面的连续弯曲造成影响。这种情况采用斜台式或平面式弯曲中心便可以解决。由于弯曲工作面与地面平行或成一定角度，钢筋的弯折长度不会受到与地面碰撞的限制。并且钢筋呈水平放置不易发生晃动，但采用这类设备必须规划出足够的工作空间，否则设备进行弯曲工作时可能伤人或与周围其他设备发生碰撞。平面式和斜台式弯曲中心在上料方面也存在一定优势，钢筋储料架一般托送钢筋时也是与地面平行的，这样将钢筋从储料架移至弯曲模具上是很省力的。平面式弯曲中心的上料和卸料方式较为简单，配合机械手容易实现自动化生产，国外应用该类型较多。

2.2.2　技术参数及功能特点

与数控钢筋弯箍机相比，数控钢筋弯曲中心结构较为简单，功能单一。设备本身不具有矫直、切断等功能，仅能对钢筋进行弯曲加工。但数控弯曲中心一般都配有两个弯曲机头，并且机头的移动都由伺服电机驱动。数控钢筋弯曲中心体积大（长度达12m），重量大，因此在价格上并不低于数控钢筋弯箍机。数控钢筋弯曲中心弯曲能力大，表 2-2 是国内某立式数控钢筋弯曲中心技术参数。

立式数控钢筋弯曲中心对单根钢筋的加工能力达到 $\phi32$，即使 2 根钢筋同时加工的能力也在 $\phi22$，由此可见加工能力高于数控钢筋弯箍机。从弯曲速度来看立式数控钢筋弯曲中心要慢很多，这是由于数控弯曲中心机头所需弯曲力较大，但受空间限制采用电机型号受限，因此降低了弯曲速度。并且数控钢筋弯曲中心适用于多根钢筋同时弯曲，低速弯曲对设备上各零部件的冲击都有所减小，能有效延长弯曲部件的使用寿命。表2-3是国内某设备厂家斜台式数控弯曲中心技术参数。

立式数控钢筋弯曲中心设备技术参数　　　　表 2-2

型号	YFH-32									
弯曲能力	钢筋规格					弯曲角度				
	$\phi6\sim\phi32$					＋180°				
						－120°				
钢筋直径(mm)	10	12	14	16	18	20	22	25	28	32
弯曲根数	6	5	4	3	2	2	2	1	1	1
主机移动速度(m/s)	0.6									
弯曲速度(°/s)	60									
弯曲长度精度(mm)	±1									
弯曲边最短长度(mm)	90									
装机总功率(kW)	15									
整机尺寸($L\times W\times H$,mm)	12000×2150×1600									
总重量(kg)	6500									

斜台式数控钢筋弯曲中心设备技术参数　　　　表 2-3

弯曲速度(°/s)	60											
弯曲机移动速度(m/s)	0.4～1.2											
工作台倾斜角度(°)	0～15											
总功率(kW)	24											
最大弯曲角度	＋180°											
	－120°											
最小弯曲钢筋长度(mm)	1250											
弯曲方向	双向											
设备尺寸($L\times W\times H$,mm)	12000×2200×1000											
总重量(kg)	6500											
弯曲钢筋直径(mm)	12	14	16	18	20	22	25	28	32	36	40	50
弯曲根数	7	6	5	5	4	4	3	3	2	2	1	1

斜台式与立式数控钢筋弯曲中心区别仅在于工作台与水平方向成 0～15°倾斜角以及加工能力上的增加。从表 2-3 中数据可以看出，斜台式数控钢筋弯曲中心的加工能力已能够弯曲 ϕ50 的钢筋，立式数控弯曲中心弯曲方向多为向上弯曲，弯曲机构不但要克服钢筋内部应力，而且还要克服弯曲部分的钢筋重力，随着钢筋规格的增大重量也增大，从而造成设备材料的增加和不必要的电力消耗。因此立式数控弯曲中心一般只能做到 ϕ32 的钢筋。数控钢筋弯曲中心的结构限制，左右机头不可能完全靠近至极限，所以有"最小弯曲钢筋长度"这个参数。根据各厂家的结构差异，这个数据各有不同，选用设备时应该考虑选择最适合的。数控钢筋弯曲中心主要有以下特点：

（1）强大图形数据库可预置数百种图形，调用图形后可自行加工；

同数控钢筋弯箍机一样，数控钢筋弯曲中心也能保存上百种成品钢筋图形可供调用，加工时可随时调取方便加工。

（2）弯曲能力大，最大可弯曲 ϕ50 钢筋，小直径钢筋可多根同时弯曲，效率高；

数控钢筋弯曲中心设备功率大，较数控钢筋弯箍机的弯曲能力大很多，能同时弯曲多根钢筋。由于可同时弯曲的钢筋数量较多，即使人工辅助上料生产效率也仍然很高。

（3）伺服系统控制，加工尺寸精准；

数控钢筋弯曲中心的数控自动程序主要集中于弯曲机头，弯曲机头的移动及弯曲都是采用伺服系统控制，弯曲角度公差都能控制在 ±1°，长度公差都能控制在 ±1mm。

（4）设备接口灵活，适用于生产线组合；

数控钢筋弯曲中的上料架都为敞开式，可与数控钢筋锯切生产线或数控钢筋剪切生产线相连。通过设备高度的调整和匹配可以实现顺次连接，这一点对于高效生产尤为重要。数控钢筋弯曲中心加工对象为定长的直条，如果与数控切断设备组合便可省去中间的运输环节，提高生产效率。

2.2.3 设备结构介绍

数控钢筋弯曲中心在国内应用较为广泛，是国内市场上的成熟产品。图 2-8 为国内某立式数控钢筋弯曲中心结构简图。国内外数控钢筋弯曲中心均为类似结构。外部组成较为简单，主要由左右弯曲机头、机械夹持手、机头行走轨道以及上料架组成。区别在于机头的结构形式和移动形式，如斜台式机头、平台式机头，移动形式以齿轮齿条较多，配合伺服电机的精确运转，能够保证弯曲钢筋的精确尺寸。国内机械夹持手一般采用气动夹持，主要起到对钢筋的固定作用，并且成本较低，功能上也能满足使用要求。另外上料架和成品接料架根据各设备厂家的设计而各不相同，有些还可以根据钢筋加工厂商需要选配制作，也可以和剪切生产线衔接形成二合一的小型生产线。工作时将直条钢筋从料架上取下，放入中心轴头槽内，关闭机械夹持手夹紧钢筋，然后启动操作箱界面程序，设备便会自动执行弯曲程序。弯曲结束后将钢筋取下放入成品区。成品钢筋的形式多种多样，根据弯曲半径 R 和最短弯曲边长 L 的变化需要更换不同的弯曲轴套和弯曲模具来达到工艺要求。

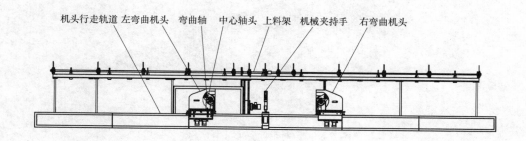

机头行走轨道　左弯曲机头　弯曲轴　中心轴头　上料架　机械夹持手　右弯曲机头

图 2-8　立式数控钢筋弯曲中心结构简图

2.3　数控钢筋剪切生产线

2.3.1　设备主要类型

数控钢筋剪切生产线是通过数控程序设定，能够自动对单根或多根同种规格直条钢筋进行定长切断的设备。数控剪切生产线主要应用于直条钢筋的批量定长切断。无论是钢筋加工工厂还是建筑工地都需要大批量的定长钢筋用来加工所需要的成型钢筋，也有很多钢筋切断后直接供人工焊接使用。对于现阶段钢筋切断技术较为成熟，只是剪切方式有多种样式，剪切刀材料的质量有所差别。数控钢筋剪切生产线的自动化技术主要应用在定长切断方面，并且能够完成自动运输、自动卸料等工作。

目前，数控钢筋剪切生产线并没有明确的系统分类，如果按剪切能力来分类，主要有 120 型、150 型、200 型、300 型等，其定义方式是根据上下对刀的剪切力参数确定的，如 200 型剪切力参数为 2000kN。但设备制造商受到技术水平、材料应用、加工水平以及装配水平等限制，同种型号的切断机剪切钢筋的能力却参差不齐。并且有些厂家对钢筋原材等级做出了要求，有些则并没有提出钢筋等级或强度的要求。剪切系统结构目前常见的有机械剪切和液压剪切两种，200 型以上的剪切力较大，采用液压较多。而机械剪切一般是采用电动机带动减速机的偏心剪切机构，剪切力较小，但结构较为简单。二者的储料架、进料台、出料台等辅助设施配备基本都是一致的，图 2-9 为数控钢筋剪切生产线。

图 2-9　数控钢筋剪切生产线

2.3.2　技术参数及功能特点

数控钢筋剪切生产线是由小型手动切断机推演而来的，相比小型手动切断机自动化程度更高，可自动定尺、自动切断、自动传输、自动卸料，并且可批量切断钢筋，降低工人劳动强度，提高了生产效率。表 2-4 为某小功率数控钢筋剪切生产线技术参数。

数控钢筋剪切生产线技术参数　　　　　　　　　　　　　　表 2-4

剪切力（kN）					1200				
输送速度（m/min）					40～80				
切割速度（次/min）					20～29				
切割公差（mm）					±2				
切割长度（mm）					750～12000				
刀片宽度（mm）					200				
输送荷载（kg）					800				
气动钢筋收仓数（单元）					8×2				
电力消耗（kWh）					8				
钢筋直径（mm）	10	12	16	20	22	25	28	32	35	38
切割数量	10	8	6	4	3	3	2	1	1	1

从数据来看输送速度和剪切速度很高，但剪切能力较低，对于钢筋直径大于$\phi28$的只能单根切断，效率相对较低。如果用这类小型数控钢筋剪切生产线和数控钢筋弯曲中心搭配，为了保证较高的生产效率只能生产直径小于$\phi20$的钢筋。另外由于设备结构的限制，依靠自动定位最短只能生产出长度750mm的钢筋。如果需要生产更短的钢筋只能通过人工辅助生产。表2-5为某数控钢筋液压剪切生产线技术参数。

数控钢筋液压剪切生产线技术参数 表2-5

剪切力（kN）	2000					
输送速度（m/min）	40～80					
切割速度（次/min）	14					
切割公差（mm）	±2					
切割长度（mm）	1500～12000					
刀片宽度（mm）	410					
输送荷载（kg）	800					
气动钢筋收仓数（单元）	8×2					
电力消耗（kWh）	12					
钢筋直径（mm）	10～14	16～20	22～25	28～30	32	40～50
切割数量	20	12	8	4	2	1

从数据来看剪切速度较机械式稍慢，但剪切能力较强，最大单根切断钢筋直径达到$\phi50$。整体电力消耗要高50%，对于这种液压式数控钢筋剪切生产线剪切能力还能继续增大，但相应电力消耗也会增大，具体设备规格及参数可咨询相关设备厂商。数控钢筋剪切生产线具有以下特点：

（1）可以对批量直条钢筋自动进行定长切断。

（2）将若干数量直条钢筋放入进料平台后，可根据设定程序进行自动定长切断，切割长度750～12000mm。

（3）输送速度及切断速度快，生产效率高。

数控钢筋剪切生产线的切割速度一般在10～30次/min，一分钟至少能切断5批钢筋，生产效率很高。

（4）自动定位，切断长度精准。

数控钢筋剪切生产线采用升降挡板和纵向压板自动锁定钢筋位置，切断尺寸精准，切断后钢筋长度公差一般在±1mm左右。

(5) 配置灵活，选择多样化。

数控钢筋剪切生产线结构原理较为简单，可配备上料架、收料仓等辅助设备。收料仓种类也可根据需要改变形式，可以有钢筋配送、打捆或直接与钢筋弯曲中心相连接等多种形式，对于工厂化钢筋加工模式有很大优势。

2.3.3　设备结构介绍

目前，自动化技术在剪切生产线上的应用较为广泛，大批量的钢筋生产和加工是发展的趋势。小型钢筋切断机虽然仍占据部分市场，但数控钢筋剪切生产线的需求量也在不断增加。设备制造商之间的竞争也很激烈，造成了数控剪切生产线设备的多元化。虽然主要功能上基本相同，但在具体结构上存在很大差异，尤其是在辅助机构的配备上结构更是多种多样。图 2-10 为国内某厂家数控剪切生产线设备主机简图。

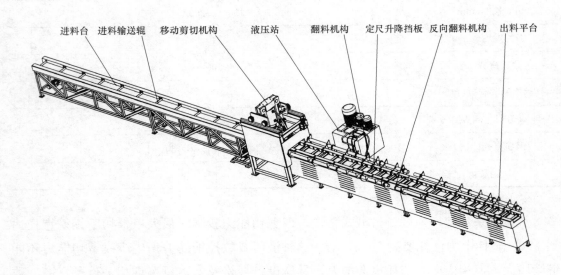

进料台　进料输送辊　移动剪切机构　　液压站　　翻料机构　定尺升降挡板　反向翻料机构　出料平台

图 2-10　数控钢筋剪切生产线结构简图

剪切生产线主要由进料台、剪切机构、出料台三大部分组成。剪切机构配有移动装置可调整剪切位置，剪切刀的剪切力由液压油缸提供。进料台工作面由多个托辊组成，通过托辊的旋转输送钢筋。出料台较进料台更为复杂，包括对钢筋定位的定尺升降板、卸成品钢筋的翻料机构等。工作过程是将一定数量的钢筋水平放置在进料平台上，根据程序设定的相应长度，对应的定位挡板会升起，输送辊向前输送钢筋直至钢筋到定位挡板位置，这时剪切机构前后的夹紧装置会将钢筋夹住，然后剪切刀对钢筋进行切断。切断后出料输送辊继续向前输送一段距离，停止后由翻料机构将切好的钢筋卸下。

2.4 数控锯切套丝生产线

2.4.1 设备主要类型

数控锯切套丝生产线是通过数控程序的设定，能够自动完成钢筋的定尺切断、输送、套丝等动作的设备。在建筑行业中，钢筋的连接是极为重要的一部分，钢筋连接方式主要有搭接、焊接、机械连接等。而机械连接中的螺纹连接在构件连接中极为常用，这样就需要用到大量端部带有螺纹的钢筋。多数建筑工地现场也要用到大量的端部带有螺纹的钢筋，普遍的加工方法是将大量直条钢筋定长切断，然后由人工将钢筋逐根放入套丝机上进行套丝。这样的加工流程效率极低，而且工人的劳动量很大，如果需要套丝的钢筋直径大、长度长，那么甚至需要两个人抬起钢筋。正是由于这种市场需求，设备厂家开发了数控锯切套丝生产线。数控锯切套丝生产线是由过去的成熟产品锯切生产线结合自动套丝生产线而来的。目前，锯切生产线主机均是采用带锯床加工，因此不存在加工能力的差异，即使是 10 根 ϕ50 钢筋也能够同时锯断，只是锯切时间较长，对锯条的磨损较快。可以将锯切套丝生产线都归为一大类型，因为各设备的差异仅仅是在功能的实现上所采用的机构不同。

2.4.2 技术参数及功能特点

表 2-6 为某数控锯切套丝生产线设备技术参数。从表中可以看出数控钢筋锯切生产线的切断能力也能切断 ϕ50 的钢筋，而且如果按照最大宽度 600mm 来计算，则一次可锯切 11 根 ϕ50 钢筋。但是切断大直径钢筋时，锯床的切削进给量也应该调低，大约需要 1min 才能够锯断，所以从工作效率来看优势并不是很大。自动套丝生产线的生产速度大约每 40s 完成一次套丝，如果是两端套丝大约 80s 才能够完成一根钢筋。可见数控钢筋锯切生产线的产量是远大于自动套丝生产线的。如果希望高效生产最大限度地利用锯切生产线，那就需要增配自动套丝生产线的数量。

数控锯切套丝生产线设备技术参数　　　　表 2-6

总功率(kW)	40.5
锯切长度(mm)	700~12000
锯切最大宽度(mm)	560
切割公差(mm)	±2
输送速度(m/min)	0~50

钢筋直径(mm)	12～50
钢筋套丝效率(根/min)	1.5
锯切线卸料方式	双向

数控锯切套丝生产线有以下特点：

（1）锯切方式切断，端面平整。

由于数控锯切套丝生产线采用锯床锯断钢筋，锯条进给速度慢，所以能够形成较为平整的端面，有利于钢筋的后续加工和对接。有更高要求的厂商可以配备自动打磨生产线。

（2）切断能力高，适应性强。

数控钢筋锯切生产线能够加工 $\phi 12 \sim \phi 50$ 的直条钢筋，而且能够批量锯断。

（3）升降挡板定位，切断精准。

数控钢筋锯切生产线采用升降挡板和纵向压板锁定钢筋位置，切断尺寸精准，切断后钢筋长度公差一般在±1mm。

（4）自动套丝快速高效，减小劳动强度。

数控锯切套丝生产线从原材料到成品钢筋全程自动加工，大大降低了工人劳动强度，而且对钢筋套丝定位更加精准，高效生产。

（5）配置灵活，选择多样性。

数控锯切套丝生产线可以灵活匹配，可以配置单线自动套丝生产线、双线自动套丝生产线、自动打磨生产线等，能适用于不同规模的生产。

图 2-11 为国内某厂家数控锯切套丝生产线设备布局图。主要由数控钢筋锯切生产线和钢筋自动套丝生产线组成。图中数控钢筋锯切生产线为双向翻料的结构，两侧均配备了一套钢筋自动套丝生产线，如果生产量不大也可以只配单侧的钢筋自动套丝生产线。也有些厂家用数控钢筋剪切生产线来代替，但从钢筋断面质量来看，数控钢筋锯切生产线锯断的钢筋断面较为平整，有利于钢筋的后序套丝加工。而且数控钢筋锯切生产线由于采用锯床锯断钢筋，可以同时锯切 20～30 根钢筋，切断完成后可通过锯切生产线的出料机一次性翻转至自动套丝生产线的备用料架上，生产效率较高。另外针对一些钢筋使用要求较高的厂商还可以在套丝工序后增加打磨生产线，将套丝后的钢筋端面进一步磨平以满足使用要求。这套生产设备相比传统人工套丝自动化程度高、生产速度快、螺纹加工质量高、操作工人劳动强度低。整套生产线的工作过程是将一定数量的钢筋吊起，水平放置在数控钢筋锯切生产线的进料机输送辊上；根据程序的设定，数控钢筋锯切生产线会自动完成输送、定位、压紧、锯切、翻料等动作得

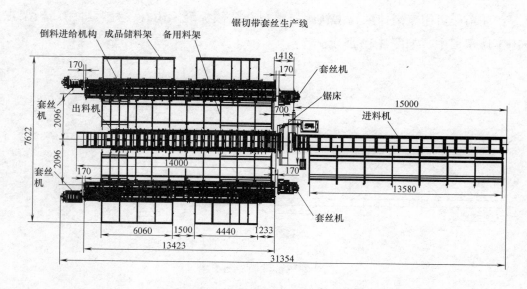

图 2-11　锯切套丝生产线设备布局图

到定长直条钢筋待套丝；再由人工辅助将备用料架上待套丝的钢筋放入带有进给辊轮的倒料架 V 形槽内，然后自动套丝生产线通过进给—套丝—翻筋—反向进给—套丝—翻料等一系列过程实现对钢筋两端的套丝加工。待套丝钢筋从备用料架放入进给辊轮的过程现在加入上料机构后也已经实现自动化，减少了工人的劳动量。

2.5　桁架焊接生产线

2.5.1　设备主要类型

桁架是一种常见的加固结构广义名称，具体形式有很多种。而预制混凝土构件中常用的钢筋桁架是由一根上弦钢筋、两根下弦钢筋和两侧腹杆钢筋焊接，截面呈倒"V"字形的钢筋桁架骨架。如图 2-12 所示。

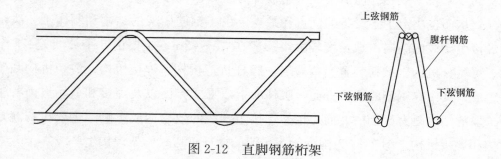

图 2-12　直脚钢筋桁架

钢筋桁架可用于高速铁路的轨枕，预制叠合楼板等。还有一种弯脚钢筋桁架主要应用于楼承板中，如图 2-13 所示。

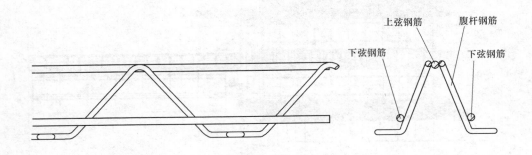

上弦钢筋　腹杆钢筋
下弦钢筋　　　　下弦钢筋

图 2-13　弯脚钢筋桁架

本节介绍的桁架焊接生产线是制作这两种钢筋桁架的专用设备。桁架焊接生产线的研发成功为现代建筑行业带来了巨大效益，它替代了过去的人工焊接制作方式，能够快速批量地制作施工所需要的桁架结构。自动化的加工使生产变得高效、经济，减少了工人的体力劳动，更能减少人工失误而造成的不合格产品的浪费。让工人通过智能化的操作平台来快速地生产钢筋桁架。桁架焊接生产线是用盘条钢筋作为加工原材料，集牵引、矫直、折弯、焊接、切断、码垛于一体的自动化生产线。桁架生产线是一个大型生产线，是由各个机构单元组成的，由于各个机构部分形式各异造成了桁架生产线的多元化。各个设备厂商的产品也都有各自的结构特点，很难进行系统的分类。国内桁架焊接生产线一般根据所能制作的钢筋桁架产品的最大高度来进行区分，如 25型、32 型、35 型等。其中 25 型能制作钢筋桁架最大高度为 250mm，其他以此类推。

2.5.2　设备结构及功能特点

桁架焊接生产线是一款综合性很强的自动化设备，见图 2-14，目前国内外生产这种设备的技术较为成熟。但由于设备组成部分多，机构多造成了各设备之间存在着一些差异，从而也决定了各设备的优点和缺点。由于钢筋桁架的结构和制作工艺决定了桁架焊接生产线的纵向占地长度较大，一般在 37～52m。主要由 5 个放线笼、5 个过线架、粗矫直机构、贮料装置、精矫直、腹杆折弯机构、焊接机构、剪切机构和码垛机构组成。其中在钢筋的矫直方面，腹杆的折弯形式方面以及焊接和剪切方面各生产厂所采取的结构是有区别的。而对桁架焊接生产线的效率造成影响的主要机构就是折弯机构和焊接机构。图 2-15 为国内较为主流的摆杆打弯式桁架焊接生产线。

图 2-14　桁架焊接生产线

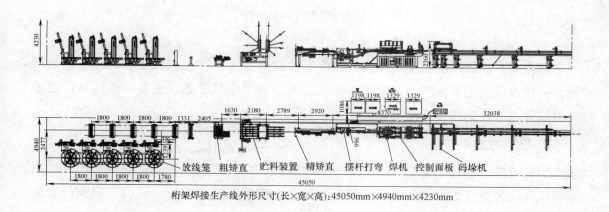

图 2-15　桁架焊接生产线结构布局图

1. 放线机

桁架焊接生产线采用的放线机一般是由放线笼和过线架两部分组成，见图 2-16。放线笼主要用于盛放盘圆钢筋，在钢筋受到牵引外力时放线笼随之旋转释放钢筋。由于后续生产可能会出现停顿，检修等情况，所以放线笼底部一般会配备气动刹车系统以便于放线笼及时停止转动。

根据钢筋桁架的结构组成：上弦筋一根、下弦筋两根、腹杆两根，因此一套桁架焊接生产线一般配备 5 个放线笼，5 个放线笼呈直线放置。为了使 5 根钢筋各自分开行走，每个放线笼配备一个过线架。其作用就是将钢筋各自分开，并引导钢筋按生产

图 2-16　放线机

线方向走线。在放线机机构上国内外各厂商并没有太大的区别，只是有些小方面的优化如：在放线笼上增加张力臂使钢筋走线过程中处于张紧状态，还有一些国外厂商增加过线管力求使钢筋走线更准确。

2. 引料装置

引料装置一般位于桁架焊接生产线的放线机和粗矫直机构之间，使得钢筋进入粗矫直工序前位置更加准确。引料装置上一般会配有断线监测系统，任何一根钢筋发生意外断线，桁架焊接生产线都会停止工作以便保护设备。

3. 粗矫直装置

盘条钢筋出厂后内部会存在应力，而且钢筋的表面会有氧化皮。粗矫直主要作用是对钢筋进行预处理。通过对钢筋的塑性变形去除部分应力，也能使表面脆硬的氧化皮脱落，更好地保证后续焊接的效果。粗矫直装置主要由支撑架和矫直器组成，桁架焊接生产线一般会配备五组矫直器对每根钢筋都进行矫直处理。矫直器上有开合手柄，能使上下矫直辊张开或闭合便于穿入钢筋。矫直器上的动辊上还有调节螺杆，能够调节对钢筋的压紧变形量适应不同直径的钢筋，图 2-17 为粗矫直装置。

4. 贮料机

贮料机也是桁架焊接生产线重要的组成部分，位置一般介于引料装置和精矫直机构之间，见图 2-18。由于桁架焊接生产线拥有焊接工序，在焊接的瞬间所有钢筋需要

图 2-17　粗矫直装置

暂时停止步进，待焊接完成后再继续向前行走。因此对于这种非连续性加工过程必须对钢筋供给量有一定的储备，以起到缓冲作用。贮料机的工作原理就是当储料环内的钢筋量少时，牵引机构将钢筋向前拉动，储料环增大，当储料环增大到极限触碰到上限位开关时牵引机构将不再牵引钢筋。反之当钢筋使用多，储料环变小上限位开关解除，牵引机构牵引钢筋。如果钢筋使用过快储料环急剧变小，储料量达到最小时下限位开关触发，生产线会停止工作，从而达到保护生产线的目的。

图 2-18　贮料机

5. 精矫直装置

钢筋经过粗矫直释放掉部分应力后又经过储料环的弯曲，使内部应力增加，所以必须在腹杆钢筋进入折弯、上下弦筋进入焊接工序之前对钢筋再次进行矫直作为最后加工前的准备。而且从精矫直机构开始，上下弦筋和腹杆钢筋的走向也逐渐分开，图 2-19 为精矫直装置。

图 2-19　精矫直装置

6. 腹杆折弯机构

腹杆折弯机构是桁架焊接生产线的核心机构之一，钢筋桁架的产品参数都在这个机构上调整控制。这一部分也是多种桁架焊接生产线的主要区别机构，无论国外设备还是国内设备腹杆折弯机构的形式都很多样化。这也说明了钢筋桁架用量很大，市场前景很广。各厂商都在试图研发工作最快且适应性最强的桁架焊接生产线，而在这里腹杆折弯机构起着决定性的作用。目前常见的几种腹杆折弯机构有气拱式、滚压式、冲压式、摆杆折弯式等，如图 2-20 所示。由于桁架焊接生产线种类多，而且结构复杂，本节仅介绍国内较为主流的摆杆式折弯桁架焊接生产线。各类折弯形式的桁架焊接生产线都有各自的优缺点，而摆杆式折弯桁架焊接生产线的特点是工作速度快，可以生产不同高度的钢筋桁架，采用机械联动机构，同步性好，连续生产钢筋桁架的尺寸差异小。

图 2-21 为某型号摆杆式桁架焊接生产线的腹杆折弯机构简图。经过精矫直后的腹杆钢筋被上下往复摆动的摆杆打弯成型，腹筋牵引链条将成型后的腹杆钢筋沿腹筋导轨送出与上下弦筋汇聚。精矫直后的上下弦筋由弦筋牵引机构按照一定步距往复的向后牵引与腹杆钢筋汇聚一起进入焊接工序。弦筋牵引机构与上下摆杆之间是通过齿轮箱及连杆机构相连的，这种结构使得制作出来的钢筋桁架尺寸一致性较高。弦筋牵引

图 2-20　几种腹杆折弯机构

(a) 滚压式折弯；(b) 气拱式折弯；(c) 冲压式折弯；(d) 摆杆式折弯

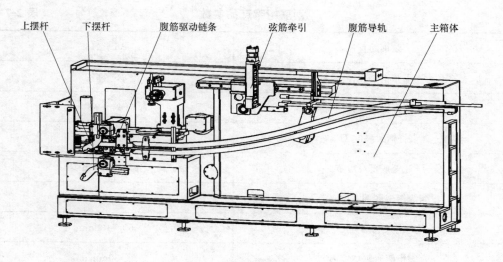

图 2-21　摆杆式腹杆折弯机构

机构每行走一个步距上、下摆杆会动作两次。牵引步距一般取决于钢筋桁架腹杆钢筋的规格形式，如图 2-22 所示。

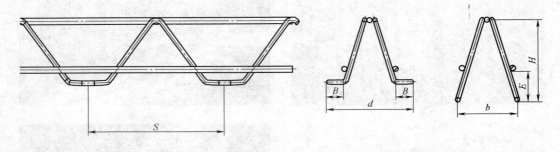

图 2-22　钢筋桁架规格

表 2-7 为常用的直脚桁架和弯脚桁架产品参数，可以看出，所生产的产品腹杆间距为 200mm，因此这台设备牵引步距为 200mm 的 2 倍 400mm。这是由桁架焊接生产线的焊接机构决定的。摆杆式桁架焊接生产线是可以通过对设备机构的调节来实现产品规格变更的，目前这种摆杆式折弯的桁架焊接生产线可生产的直脚钢筋桁架最高可至 350mm，最低可至 70mm。而底部宽度范围可在 60～100mm 之间调节。从数据来看是完全能够满足国内市场的需求，当然也有需要生产其他规格钢筋桁架的厂商，那么就要详细咨询设备厂家，通过设备厂家的不断改进和研发可以生产制作的桁架规格会越来越多。

钢筋桁架产品参数　　　　　　　　　　表 2-7

上弦钢筋直径	$\phi6\sim\phi12$
下弦钢筋直径	$\phi5\sim\phi12$
腹杆钢筋直径	$\phi4\sim\phi8$
直脚桁架高度 H	70～350mm
下弦至底部高度 E	0～30mm
弯脚桁架底部宽度 d	135～140mm
直脚桁架底部宽度 b	60～100mm
弯脚桁架弯脚宽度 B	30mm
腹杆间距 S	200mm

7. 焊接机构

焊接机构也是桁架焊接生产线的核心机构之一，其作用是将上、下弦筋分别与打弯成型的腹杆钢筋焊接牢固，完成钢筋桁架的最终成型，如图2-23所示。焊接的速度和效率直接影响着整个生产线的总体效率。国内外现在普遍采用电阻焊的方式焊接钢筋桁架。由于国外在变压器制作水平上的领先，在焊接的效率和质量方面优于国内。但现在国内很多设备厂商也引进了国外变压器改善焊接质量以争夺更多市场。桁架焊接生产线的焊接机构和腹杆折弯机构都是生产线的核心机构，是完成钢筋桁架成型的关键部位。因此，焊接机构的结构及原理是对应着钢筋桁架制作工艺的。

图 2-23　焊接机构

如图2-24所示，钢筋桁架的上、下弦筋与腹杆钢筋各有两个焊接点。因此桁架焊接生产线的焊接机构也由上弦焊接和下弦焊接两部分组成。

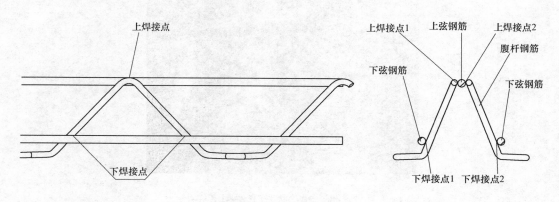

图 2-24　钢筋桁架结构

图 2-25 为桁架焊接生产线上弦焊接部分示意图,其主要由导电铜带分别连接变压器的正负两极和两个焊头,压紧油缸夹紧钢筋通电后进行电阻焊完成焊接。压紧部分也有设备厂家采用气动压紧等其他方式。下弦焊接原理与上弦焊接原理类似,只是变压器和焊头在整体机构的下半部。从钢筋桁架结构可以得知腹杆间距固定的情况下,同时焊接的焊点数越多桁架生产线的生产速度就越快。但焊接速度要和腹杆折弯机构的速度相匹配,否则是无法提高效率的。摆杆折弯式桁架生产线一般配有四个变压器,上弦焊接配两个,下弦焊接配两个。焊接间距为一倍的腹杆间距。腹杆折弯机构牵引距离为两倍的腹杆间距,也就是说每向后牵引一次钢筋桁架,上下弦焊接同时焊接一次。摆杆折弯式桁架生产线就是以这样的生产节奏生产桁架,生产速度一般为 15~20m/min,图 2-26 为焊接工作图。

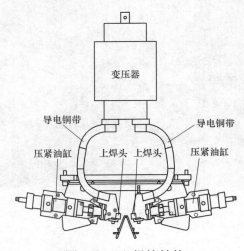

图 2-25　上焊接结构

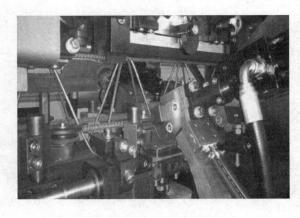

图 2-26　焊接工作图

8. 剪切机构

桁架焊接生产线的剪切机构是控制钢筋桁架成品长度的重要机构。如图 2-27 所示剪切机构。由于生产预制混凝土构件可能需要多种不同长度的钢筋桁架，因此桁架焊接生产线必须有控制成品切断长度的功能。而对于桁架焊接生产线焊接的间距一定是腹杆间距的长度，所以整条生产线生产钢筋桁架的前进距离都是腹杆间距的整数倍。要想得到任意的钢筋桁架长度就需要剪切装置是可移动的。目前桁架焊接生产线上的剪切机构都是可移动的，只是形式各异，有的采用气动结构，有的采用丝杆结构等，都能实现不同长度产品的切断。剪切形式现在多以液压剪切为主，优点是剪切力大，动作平稳，结构简单。

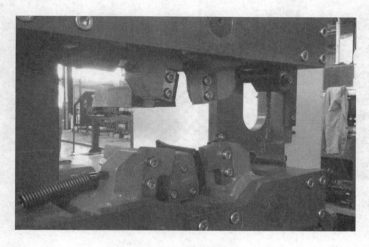

图 2-27　剪切机构

9. 码垛机构

桁架焊接生产线的码垛机构属于生产线卸料的辅助机构，缺少了码垛机构并不会影响整个生产线的正常生产，图 2-28 为码垛机构。码垛机构只是为了实现桁架产品的自动堆叠以方便后续打包和运输。

图 2-28　码垛机构

10. 辅助机构

对焊机是桁架焊接生产线机的辅助机构，其作用是把断筋两端焊接起来，如图2-29所示。这样如果生产线上发生断筋就不需中心穿引钢筋，可以节省钢筋和操作时间。一般为桁架焊接生产线的选配产品。有些情况下也可以用对焊机来熔断钢筋代替剪切。弯脚机构也是桁架焊接生产线的选配辅助机构，位于焊机结构和剪切机构之间，生产弯脚钢筋桁架时将直脚钢筋桁架的底角折弯成型后经过剪切机构剪断得到弯脚钢筋桁架。如果只生产直脚钢筋桁架可不配备此机构。

(a)　　　　　　　　　　　　　　　　(b)

图 2-29　桁架焊接生产线辅助机构

(a) 对焊机；(b) 底角折弯机构

表2-8为35型桁架焊接生产线设备参数。桁架焊接生产线总长度较长，小型工厂一般不方便安装，但可通过调整放线笼位置和减小码垛机构的长度来节约空间。国内桁架焊接生产线生产速度一般都不超过20m/min，现在国内生产预制混凝土构件的配套设备还不成熟，整体生产速度较慢，目前桁架焊接生产线的生产速度足以满足混凝土构件的生产现状。

桁架焊接生产线设备参数　　　　　　　　　　　　　　表 2-8

焊接变压器容量(kVA)	200kVA×4
机械功率(kW)	75
生产线速度(m/min)	15～18
生产桁架长度(m)	≤12
设备尺寸($L×B×H$,m)	48×4.9×4.2

2.6 柔性焊网生产线

2.6.1 设备主要类型

焊网机种类繁多，各个设备厂商设计的外形和尺寸各异。简单的小型焊网机国内很多企业都在制作，尺寸、外形、组成机构也多种多样。功能都是实现对横筋和纵筋的对焊使网片成型。柔性焊网生产线是集钢筋的矫直、切断、运输、焊接成型于一体的，能够自动生产带有开孔网片的智能化大型综合设备。作为预制混凝土构件的主要钢筋骨架，钢筋网片是重要产品之一。

钢筋网片的制作也由过去的人工绑扎和人工焊接逐步走向机械自动化生产。全自动柔性焊网生产线是近几年来的新产品，也是一款综合性很强的自动化设备，生产这套设备的厂家较少。国外的柔性焊网生产线价格较为昂贵，其设备运转的稳定性以及网片焊接质量的确优于国内设备。但国内柔性焊网机也在大力发展，吸取国外的先进技术，从性价比来看，目前国内柔性焊网生产线是占优势的。目前柔性焊网生产线仍属于非标准设备，设备厂家都是根据成品钢筋生产厂提供的成品钢筋图纸来制造对应设备。在国内市场，成品钢筋网片宽度一般不超过3.3m。因此近两年来，国内设备制造商对于柔性焊网生产线3300型的开发投入力度较大。这款设备主要是能够自动化生产钢筋网片宽度在3.3m以下的开孔或非开孔网片。本节将对这款柔性焊网生产线做出详细介绍。

2.6.2 设备结构及功能特点

图2-30中YFW3300柔性焊网生产线是由天津银丰机械系统工程有限公司于2015

图2-30 YFW3300柔性焊网生产线

年开发完成，主要结构见图 2-32。由放线架、自动配筋机、集线落料架、横筋运输、纵筋运输、电焊机、网片牵引、网片运输等部分组成。以下将分别介绍各组成部分。

1. 放线架

为了便于连续批量生产钢筋网片，YFW3300 以盘条钢筋为原材料，采用旋转式放线架放线。共配有 4 个放线架与自动配筋机 4 个料仓对应。如图 2-31 所示，放线架上配有放线张力臂、气动刹车等装置，是国内先进的放线装置，能有效地控制好放线钢筋的张力保证连续生产。

图 2-31　旋转放线架

2. 自动配筋机

放线架放出钢筋经过自动配筋机入口处的预矫直器进入自动配筋机仓内。预矫直器的作用主要是去除钢筋表面的氧化皮，去除钢筋少部分应力。钢筋受到的牵引力来源于配筋机仓内的牵引轮，牵引钢筋经过预矫直后进入精矫直机构。YFW3300 在精矫直部分采用的是旋转矫直器，通过高速的旋转能够有效地去除钢筋的环向应力，得到平直度较高的钢筋。柔性焊网生产线对切断后的钢筋平直度要求很高，关系到后续的钢筋配送、摆放、焊接等问题（图 2-32）。应用这种旋转矫直能够满足生产线的生产。精矫直后经过剪切机构过线孔，钢筋牵引至定长后进行切断，切断后的直条钢筋落入集线架的料仓内。YFW3300 的自动配筋机有四个配筋仓，可分别矫直切断 $\phi 6 \sim \phi 12$ 的钢筋。这也说明了 YFW3300 能够实现钢筋网片的钢筋线径混合搭配的功能，

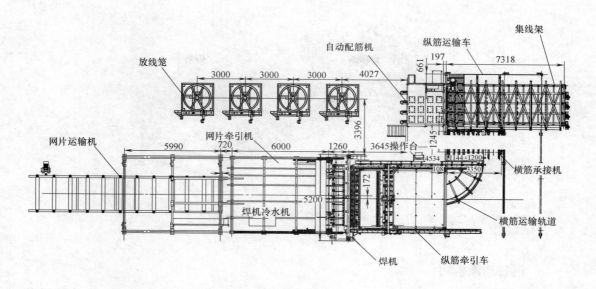

图 2-32　YFH3300 柔性焊网生产线

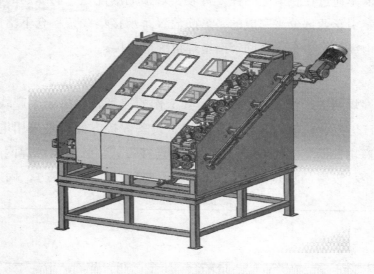

图 2-33　YFH3300 自动配筋机 3D 模型

图 2-33 为 YFH3300 自动配筋机 3D 模型。同一张钢筋网片上可以焊接不同直径的钢筋，这也是国内一些构件厂需要的功能。

3. 集线架

YFW3300 设计的排料式集线架采用阶梯式落料方式，能够更好地迎合自动配筋机的多仓同时切断，使切断后的钢筋有序下落，图 2-34 为 YFH3300 集线架 3D 模型。这样不间断的落料能够更有效地利用剪切机构，提高生产效率。

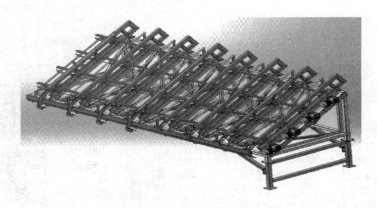

图 2-34   YFH3300 集线架 3D 模型

4. 钢筋运输机构

根据钢筋网片的结构，运输机构分为横筋运输系统和纵筋运输系统。横筋运输系统是由横筋运输车通过在轨道上的往复行驶实现横筋的配送。而纵筋的输送是由纵筋放置车和纵筋牵引车两部分来完成的。纵筋放置车承接集线架料仓下落的钢筋后横向行走运输，再由纵筋牵引车将纵筋牵引至焊机等待焊接。

5. 焊机

焊机是柔性焊网生产线的核心机构，其工作的速度直接决定生产线的生产速度，图 2-35 为 YFH3300 焊机简图。目前钢筋加工设备焊接方面都是采用电阻焊的方式，但各个设备厂商也根据工艺的不同采用不同的连接方式。针对柔性焊网生产线整体宽度较大、焊点个数较多的特点，YFW3300 采用变压器在网片下方，固定焊头的连接

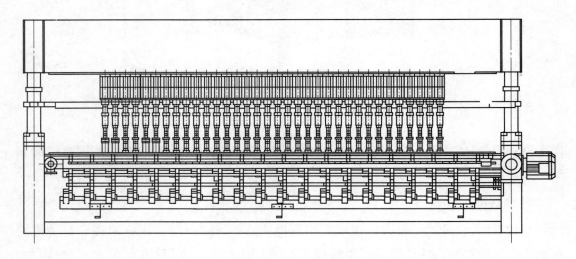

图 2-35   YFH3300 焊机简图

方式。最大成型钢筋网片宽度为 3.3m，横向最小网格间距为 100mm，因此 YFW3300 配备 34 个焊头。焊接速度很快，只需 1.5s 就能完成单根横筋上全部的焊点连接。在 YFW3300 焊机的前端设有横筋定位装置，在开口网片焊接时对短横筋进行准确定位后焊接。

6. 网片牵引及输送机构

网片牵引机构也是柔性焊网生产线的重要机构，它的行走步距决定着钢筋网片的纵向网格间距。每根横筋焊接完后，网片牵引机构上的牵引车会将网片向后拉出一定距离，之后焊机继续焊接下一根横筋。通过对网片牵引车步距的设定可以得到不同的纵向网格间距。一张网片全部焊接完毕后，网片由输送机构向后输送至生产线末端，之后进行码垛配送。YFW3300 结构复杂，但适应范围广，能制作多种不同规格的钢筋网片，如图 2-36 所示。其性能参数如表 2-9 所示。

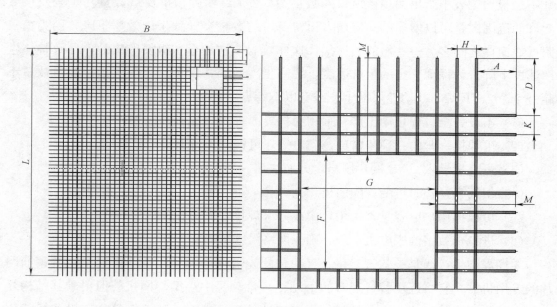

图 2-36　钢筋网片示意图

YFH3300 柔性焊网生产线设备参数

表 2-9

纵向钢筋直径	$\phi6 \sim \phi12$
纵向钢筋间距 H	$H = 100 \times n(n = 1, 2, 3 \cdots$ 单位：mm$)$
横向钢筋直径	$\phi6 \sim \phi12$
横向钢筋间距 K	$K \geqslant 50$mm
网片长度	$500 \sim 6000$mm

网片宽度	500～3300mm
可预留窗口尺寸	$F \times G$，$F \geqslant 50mm$，$G \geqslant 100mm$
窗口边缘距网片边缘距离 M	$\geqslant 500mm$
预留窗口之间间距	$\geqslant 500mm$
预留窗口数量	$\leqslant 2$
焊机装机容量	$160kVA \times 17$
机械总功率	214kW
生产线速度	20 排/min

YFW3300 最大能够生产 3.3m×6m 的钢筋网片，这个尺寸基本能满足预制混凝土构件厂的需求。如果还需要生产更大尺寸的钢筋网片可以咨询相关设备厂家。焊机装机容量 160kVA×17，生产过程中并不是所有变压器同时工作，因此实际视在功率并不是很大。表中给出的预留窗口的数量为≤2 个，实际预留窗口数量在工艺及尺寸允许的范围内是可以增多的。但增多预留窗口的数量会导致生产效率下降，因为窗口附近或窗口之间多为一些短筋相连接，这样就需要增加运送钢筋的次数，导致整体生产速度下降。为保证一定的生产速度，提高生产效率，设备厂家提供预留窗口数量不超过 2 个。YFW3300 柔性焊网生产线有以下特点：

(1) 本设备全过程自动生产，采用人机界面＋PLC 编程控制器方式控制。

(2) 可焊接、弯曲、预留窗口、门口等，可根据预留窗口尺寸自动开孔。

(3) 可直接导入 CAD 网片规格，方便快捷。

(4) 钢筋直径随时可变，配筋机 4 仓。

(5) 可根据用户电容量，采用一次或分次焊接，灵活性大。

(6) 进口全数字伺服电机系统，确保网络尺寸精确。

柔性焊网生产线是一款智能化、自动化的先进钢筋加工设备，是一款生产钢筋网片的专用机器。它将逐步替代现有的手动、半自动等中小型焊网机。但由于其结构复杂、自动化程度高、售价高，并不是小型工厂的合适选择。随着钢筋加工设备智能化自动化的发展趋势，柔性焊网生产线也将崭露头角。

2.7 钢筋笼加工设备

2.7.1 设备主要类型

在各类建筑施工中，钢筋加工是一个重要的环节，尤其在桥梁施工中，钢筋笼的加工是基础建设的重要环节。在过去传统的施工中，钢筋笼采用手工绑扎或手工焊接的方式，除了效率低下外，最主要的缺点是制作的钢筋笼质量差，设备尺寸不规范，影响到工程建设的工期与质量。

　　钢筋加工主要包括钢筋的剪切、矫直、强化冷拉延伸、弯曲成型、滚焊成型、钢筋的连接、焊接钢筋网等。数控钢筋笼加工设备是将这些设备有机地结合在一起，使得钢筋笼的加工基本上实现机械化和自动化，减少了各个环节间的工艺时间和配合偏差，大大提高了钢筋笼成型的质量和效率，为钢筋笼的集中制作、统一配送提供了良好的技术和物质基础。同时，新型数控钢筋笼自动滚焊机的使用将大大地减轻操作人员的劳动强度，为施工单位创造良好的经济效益和社会效益。钢筋笼成型机的使用，开创了钢筋笼加工的新局面，是今后钢筋笼加工的发展方向。

　　钢筋笼加工设备按加工方式可分为方形笼加工设备和钢筋笼滚焊设备等（图 2-37、图 2-38）。

图 2-37　方形笼加工设备

图 2-38　钢筋笼滚焊设备

2.7.2 设备结构及功能特点

1. 方形笼加工设备结构及功能特点

方形钢筋笼焊接机用于加工正方形或矩形钢筋笼的工具。可以配备自动焊机，这样可以最大程度地减少使用人工，并且使钢筋笼的加工过程尽量自动化。因此，机器只需要一个操作者（表2-10、表2-11）。

YFMF1500方形笼焊接机技术参数 表 2-10

序号	项目	参数
1	箍筋尺寸(最短)	150mm×150mm
2	箍筋尺寸(最长)	1500mm×1500mm
3	最大牵引速度	45m/min
4	箍筋直径	6~16mm(不在范围内需订制)
5	平均电力消耗	8kWh
6	主筋直径	6~16mm(16mm 以上需订制)
7	工作速度	10s/排
8	机械功率	21.3kW
9	变压器容量	11kVA×4
10	暂载率	60%
11	最大焊接电流	350A
12	气源压力	0.6MPa
13	气源流量	1m³/min

YFMF1500方形笼焊接机设备组成 表 2-11

固定的焊接单元	4个焊接头，每个焊接单元都可以在高度方向和纵向移动或者旋转，以找到理想的焊接位置。竖直方向的定位由1个减速电机控制	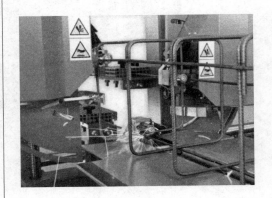

移动的牵引系统	包括:1个数控电机驱动的移动头可以沿着钢筋梁工作台移动钢筋梁牵引台。通过计算机可以设定箍筋的间距	
中央主体结构	包括:支撑工作台,半成品钢筋梁在生产过程中可以在上面滑动	
PLC	编程输入具有不同箍筋间距的钢筋梁(同一钢筋梁上最多可以有 20 个不同的箍筋间距);设置箍筋的直径;设置已经加工的数量和等待加工的数量;2 个标准 RS 232/RS 422 输出端口,可以连接条形码阅读器或办公室电脑,通过串行电缆进行程序传输;自诊断程序可以识别任何错误	

设备特点:

(1)移动调节距离采用伺服控制,方形笼截面宽度和高度(500~1500mm)无级可调;

(2)焊接采用二氧化碳保护焊机自动焊枪式,定位精准,焊接质量比人工提高 50%;

(3)箍筋移动步距采用伺服控制,距离无级可变,定位精度高;

(4)自动化程度高,仅需一人操作,节省人工,降低生产成本。

2. 钢筋笼滚焊设备的结构和特点 (表 2-12、表 2-13)

钢筋笼滚焊机技术参数　　　　　　　　　　　表 2-12

型号	YFM1500	YFM2000	YFM2500
钢筋笼直径	$\phi200\sim\phi1500$	$\phi200\sim\phi2000$	$\phi200\sim\phi2500$
钢筋笼长度	12~24		

主筋直径	$\phi12\sim\phi32$	$\phi12\sim\phi40$	$\phi12\sim\phi40$
盘筋直径	$\phi6\sim\phi14$	$\phi6\sim\phi16$	$\phi6\sim\phi16$
绕筋间距	50～500mm 可任意调整		
额定功率	6kW	8kW	10kW

钢筋笼滚焊机设备构成　　　　　　　　　　　　　　表 2-13

底部机架	用于支撑移动旋转盘,固定旋转盘等部件	
移动旋转盘	带动钢筋笼运行的主要部件	
固定旋转盘	支撑钢筋笼的主要部件	

液压站	提供设备运行所需要的动力	
旋转分料机构	把未焊成笼的钢筋支撑并区分开,防止钢筋缠绕	
盘筋矫直机构	用于矫直盘条钢筋	
盘筋架	盘条钢筋的储存装置	

钢筋笼滚焊设备特点：

（1）多种环形模具，可根据不同的桩基规格灵活更换。

（2）固定盘旋转、移动盘部分行走及旋转，由 PLC、变频伺服电机控制，保证了成品的整体尺寸。

（3）可完成直径 400～2500mm 钢筋笼的加工。

（4）固定机架及移动机架进行了结构优化，降低主机重量，减轻了动力单元的负载，从而可制作较重的钢筋笼。

（5）有多组液压支撑装置，防止钢筋笼因自重而下垂。

（6）配有多组分料盘，防止生产过程中主筋错乱。

2.8 钢筋焊接设备

2.8.1 设备主要类型

随着我国工业化、城市化进程的持续推进，劳动力素质逐渐改善，工人工资水平持续增长已成为必然趋势，这给长期以来依赖人口红利的施工企业带来了较大的成本压力，钢筋工人工资持续上升，使得数控钢筋加工装备替代传统手工加工及半自动机械加工钢筋成为必然趋势。钢筋焊接机器人六轴机械臂式比较常用。

2.8.2 设备结构及功能特点

图 2-39 为钢筋焊接机器人。

焊接机器人特点与优势（图 2-40、图 2-41、表 2-14）：

（1）机械结构合理，性能稳定，维修方便；

图 2-39　钢筋焊接机器人

（2）可多台焊枪设计；成倍提高加工效率；

（3）定型模板设计；有效保证焊接精度并实现了机器不停地循环式加工模式；再次成倍提高了加工效率；

（4）高标准的动作速度，缩短作业节拍时间。马达内藏于手臂内，从而避免了与夹具、工件的相互影响。

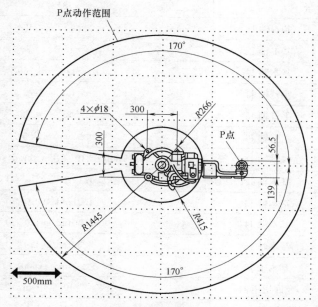

图 2-40　钢筋焊接机器人参数示意图 1

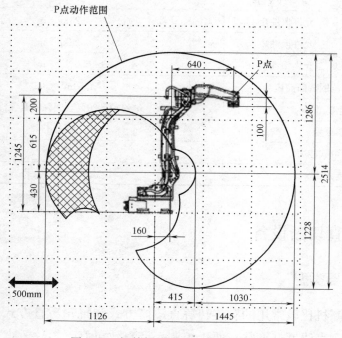

图 2-41　钢筋焊接机器人参数示意图 2

型号		FD-B6
轴数		6 轴
负载		6kg
重复定位精度		±0.08mm
驱动容量		3132W
动作范围	基本轴 J1	±170°(±50°)
	基本轴 J2	−155°～+90°
	基本轴 J3	−170°～+245°
	手臂轴 J4	±155°(±170°)
	手臂轴 J5	−45°～+225°
	手臂轴 J6	±205°(±360°)
最大速度	基本轴 J1	4.19rad/s(240°/s)[3.32rad/s(190°/s)]
	基本轴 J2	4.19rad/s(210°/s)
	基本轴 J3	4.01rad/s(210°/s)
	基本轴 J4	7.50rad/s(420°/s)
	基本轴 J5	7.50rad/s(420°/s)
	基本轴 J6	11.00rad/s(600°/s)
荷载能力	允许扭矩 J4	10.5N·m
	允许扭矩 J5	10.5N·m
	允许扭矩 J6	5.9N·m
	允许惯性矩 J4	0.28kg·m²
	允许惯性矩 J5	0.28kg·m²
	允许惯性矩 J6	0.06kg·m²
机器人动作范围截面面积		3.59m²×340°
周围温度、湿度		0～45℃,20%～80%RH(无冷凝)
本体重量		145kg
第 3 轴可载能力		10kg
安装方式		正装/倒挂/侧装

2.9 钢筋调直切断设备

2.9.1 设备主要类型

钢筋调直切断机比较常用的有旋转矫直滚筒方式和辊轮矫直方式两种。旋转矫直滚筒式的调直机,直线度好调整,便于控制,调直效果好。辊轮矫直式调直机相对于矫直滚筒调直机调整起来稍复杂一些，需要专业人员辅导，需要合格的原材料，掌握要领后也可以到达相关标准。每分钟调直速度 50m 以上的高速调直切断机是未来发展方向。

2.9.2 设备结构及功能特点

1. 矫直滚筒式钢筋调直切断机（图 2-42、表 2-15）

图 2-42 矫直滚筒式钢筋调直切断机

矫直滚筒式钢筋调直切断机技术参数 表 2-15

矫切钢筋直径	$\phi5\sim\phi12$ 的钢筋（$\sigma_s\leqslant400$MPa 盘螺）		
矫切速度	高速挡	130m/min	
	中速挡	100m/min	
	低速挡	75m/min	
定尺长度误差	$\leqslant\pm1$mm		
矫直后钢筋直线度	$\leqslant\pm2$mm/m		
电机功率	切断电机 7.5kW	（伺服电机）	
	矫直电机 30kW		
定尺方式	手动/自动		

矫直滚筒式钢筋调直切断机性能特点（图 2-43）：

（1）矫切效率高：最高矫切速度为 130m/min。矫直滚筒式钢筋调直切断机具有高效、节能、节材、节工、结构合理等显著的特色。

（2）定尺精度高：切断后钢筋的定尺长度误差≤±1mm。

（3）矫切范围广：矫切钢筋直径范围从 6mm 至 16mm。用户可以根据自己的不同需要而进行选择。

（4）适用于新Ⅲ级钢：适合于矫切盘圆、冷轧、热轧带肋钢筋等。

（5）控制智能化：采用可编程序控制器（PLC）进行控制，调整简单稳定可靠。

（6）操作简便：采用触摸屏操作，简单、方便、自然的人机交互方式。

（7）高效自动化：特别适合多尺寸小批量钢筋加工，如房建工程、钢筋焊接网等。

（8）性能稳定：该机采用伺服电机剪切，精度高、稳定性好。

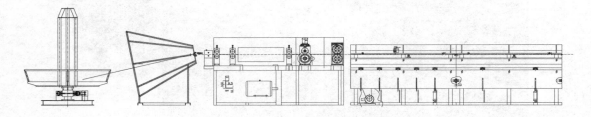

图 2-43　矫直滚筒式钢筋调直切断机示意图

2. 矫直辊轮式钢筋调直切断机（图 2-44、表 2-16）

图 2-44　矫直辊轮式钢筋调直切断机

单线矫切钢筋直径	$\phi 5\sim\phi 12(\sigma_s\leqslant 400\text{MPa}$ 盘螺$)$
双线矫切钢筋直径	$\phi 5\sim\phi 10(\sigma_s\leqslant 400\text{MPa}$ 盘螺$)$
矫切速度	$60\sim 100\text{m/min}$
矫切定尺长度	$10\sim 6000\text{mm}$
定尺长度误差	$\pm 1\text{mm}$
矫直后钢筋直线度	3mm/m
平均气压消耗	6L/min
平均电力消耗	$5\sim 8\text{kWh}$
功率	21kW
电压/频率	$380\text{V}/50\text{Hz}$

矫直辊轮式钢筋调直切断机性能特点：

（1）矫切效率高：最高矫切速度为 $60\sim 100\text{m/min}$，可双线调直生产。

（2）定尺精度高：切断后钢筋的定尺长度误差 $\leqslant\pm 1\text{mm}$。

（3）矫切范围广：矫切钢筋直径范围 $6\sim 12\text{mm}$。用户可以根据自己的不同需要进行选择。

（4）适用于新Ⅲ级钢：适合于矫切盘圆、冷轧、热轧带肋钢筋等。

（5）控制智能化：采用可编程序控制器（PLC）进行控制，调整简单、稳定可靠。

（6）操作简便：采用触摸屏操作，简单、方便、自然的人机交互方式。

（7）高效自动化：特别适合多尺寸小批量钢筋加工，如房建工程、装配式工程等。

（8）性能稳定：该机采用伺服电机剪切，精度高、稳定性好。

（9）可以导入数据，自动接收数据加工，自动定尺，操作简单、方便、灵活。

第3章 智能化钢筋加工工艺与操作要求

3.1 钢筋加工的常见工艺

3.1.1 矫直

钢筋线材在加热、轧制、热处理等工序加工过程中，由于塑性变形不均、加热和冷却不均、运输和堆放等原因必然产生不同程度的弯曲、波浪、扭曲等塑性变形，产生内部残余应力。这种钢筋线材就必须经过矫直处理后，将其内部残余应力消除，得到平直性较好的钢筋才能应用在成型钢筋产品中。这种矫直处理目前只针对盘条钢筋，由于盘条在钢厂的轧制、收卷、热处理、运输、堆放等过程中容易产生残余应力。而直条钢筋相对盘条钢筋情况大不相同，一般可直接投入生产。在工厂化的钢筋加工中，钢筋的平直性尤为重要，其涉及后续的配送、弯曲、焊接等各项工序。目前的钢筋矫直都是采用矫直机进行矫直。常用的矫直机构有两种：辊式矫直机构和旋转矫直机构。辊式矫直机构结构较为简单，成本低，但矫直效果较差，对钢筋内部残余应力的消除不够彻底。旋转矫直机构结构较为复杂，成本高，还需配备旋转动力，能耗较高，但矫直效果好，对钢筋的环向应力消除得较为彻底。这两种矫直机构在钢筋加工设备上得到大量的应用。

1. 辊式矫直

一般有上下两排压辊，通过对错位辊的下压量调节弯曲钢筋，在牵引力的作用下使钢筋在反复弯曲的情况下进行塑性拉伸，最终消除内部应力得到平直性较好的钢筋。活动压辊可以通过调节螺杆实现下压量的改变从而控制对钢筋的矫直效果。压辊数越多对钢筋应力消除的效果越好，但相应成本也会增高，而且会增加设备体积。现在还有许多设备厂商采用两组矫直器垂直交叉使用，能对钢筋进行双向矫直，处理效果较好，图3-1为辊式矫直。

2. 旋转矫直

主要结构有一个旋转筒体，筒体内配有压辊，钢筋在牵引力的作用下经过压辊穿过筒体，图3-2为旋转矫直。筒体通过动力机构的带动高速旋转，使钢筋在直线行走的情况下同环向反复弯曲从而消除钢筋的内部应力得到平直性较好的钢筋。这种矫直器不但可以通过调节压辊的压下量提高矫直效果，也可以通过旋转筒转速的调节改变

图 3-1　辊式矫直

图 3-2　旋转矫直

矫直效果。旋转矫直的方式一般应用于对钢筋平直性要求较高的设备中。

3.1.2　弯曲

在钢筋加工中弯曲是一种重要的加工工艺，通过对钢筋的弯曲可以得到各种各样的箍筋。而对于现代建筑行业来讲，需要的不仅仅是简单的单根钢筋平面弯曲，多根钢筋的同时弯曲、对成型网片的弯曲、单根钢筋的立体弯曲这都是市场上大量需求的产品。随着国家建筑产业化的推进，预制混凝土构件走进了工厂化、模块化生产。与此同时钢筋加工也必然走进了工厂，进行统一的加工和配送。数控钢筋弯箍机、数控钢筋弯曲中心、弯网机等设备已经得到大范围应用。

弯曲原理如图 3-3 所示，钢筋由两支点固定，弯曲头绕支点旋转对钢筋施加弯曲力实现对钢筋的弯曲。弯箍机、弯曲机、数控钢筋弯箍机、数控钢筋弯曲中

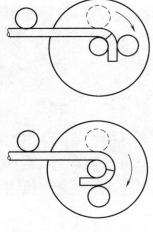

图 3-3　弯曲原理

心等都是采用这个原理。通过对中心模具及弯曲头不同规格的更换能够得到不同弯曲半径的箍筋。

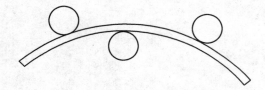

图 3-4　三支点定位

通过三支点定位使钢筋形成一定的曲率，在牵引力的作用下让钢筋通过，钢筋在支点的外力作用下会形成一个圆弧，这也是弯曲的一种形式，如图 3-4 所示。这个原理主要应用于弯弧机、数控钢筋弯箍机等。当然随着钢筋加工设备的进步和工厂要求的提高，弯曲形式已经不局限于上述两种了，如在平面弯曲原理上增加垂直方向弯曲实现的一次成型的三维弯箍，在弯弧垂直方向增加直线位移实现的螺旋弯弧等都是新的弯曲加工工艺，它们都由有基本原理演变而来的新形式。可见弯曲工艺并不是一成不变的，而是随着人类的智慧发展着的。

3.1.3　切断和打磨

为了得到需要的尺寸，无论是钢筋原材还是成型钢筋产品都会涉及切断工艺。钢筋的切段形式有很多，裁剪式、对剪式、锯断式、熔断式等都能对钢筋进行切断。根据不同的成品钢筋质量要求和不同的钢筋线材直径就需要采用不同的切断方式。

1. 熔断式

熔断式一般用在钢筋对焊机上面，这是由于对焊机本身能够提供足够的熔断电流，同时也可以让操作人员无须额外配备剪切装置。但熔断后的钢筋断面是极不规则的，而且断面上会残留高温熔断后所形成的氧化物，影响对焊效果。所以熔断后的钢筋都要经过断面的打磨处理再进行使用。

2. 裁剪式和对剪式

裁剪式和对剪式都属于机械剪切，通过机械结构传递动力使刃口产生相对运动剪断钢筋，图 3-5 为对剪式剪切钢筋效果，图 3-6 为裁剪式剪切钢筋效果。但这两种剪切方式得到的钢筋断面都不够平整，尤其是对剪式。对剪式剪切机构刃口由两边向中间剪切钢筋，使钢筋两侧向中间挤压形成凸起造成刃口不平整。而裁剪式剪切得到的刃口边部有凸起，中部相对较平整，如果剪切速度很快断面平整度还会更好。对剪式机构两切刀刃口相对，速度不能过快否则会损坏切刀。因此对剪式剪切机构得到的钢筋断面较差，在对钢筋断面要求不高的时候可以采用这种切断方式。

图 3-5　对剪式剪切钢筋效果

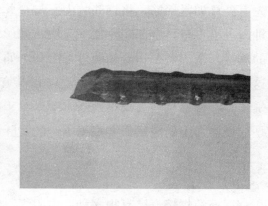

图 3-6　裁剪式剪切钢筋效果

3. 锯断式

锯断式剪切之所以被广泛应用主要原因是锯断后的钢筋断面十分平整，有利于钢筋的对接和套丝，图 3-7 为钢筋断面。但锯断式的缺点是切断时间较长，而且锯条磨损较快，需要经常更换。锯断式剪切方式的效率并不比机械剪切低，这是由于目前的锯床都能够多根同时锯断。所以对于成批量的断面要求较高的钢筋可以采用锯断式。如目前的锯切生产线每批次能同时锯断 10～30 根钢筋，生产效率很高，而且锯切出来的直条钢筋断面很平整，如果对接要求不是很高，可直接进行套丝加工后使用。

图 3-7　锯断式钢筋断面

3.1.4　套丝

钢筋的套丝主要应用于钢筋及构件间的机械连接。在预制混凝土构件上需要用到大量的端部带螺纹的钢筋，再通过套筒将其连接起来。钢筋的套丝原理较为简单，首先由夹具加紧钢筋，将钢筋的中心与套丝轮中心重合。套丝机的套丝轮开始旋转，并轴向进给直至将全部螺纹加工完毕，套丝轮张开向后退回。套丝的全过程会产生大量的热量，全程需要用冷却液进行冷却。如果是带肋钢筋还需要在套丝前进行剥肋处理，这是为了更好的保护套丝轮，也能提高套丝质量。值得注意的是套丝轮是易损零件，螺纹是否合格从外表很难判断。所以对于加工带螺纹的钢筋首检和抽检很重要。尤其是成批量加工的时候，要根据生产的实际情况制定合理的抽检频次。

3.1.5　焊接

钢筋的焊接方法有很多种，电阻焊、闪光对焊、电弧焊、电渣压力焊等。

1. 电渣压力焊

是将两钢筋安放成竖向或斜向（倾斜度在 4∶1 的范围内）对接形式，利用焊接电流通过两钢筋间隙，在焊剂层下形成电弧过程和电渣过程，产生电弧热和电阻热，熔化钢筋，加压完成的一种压焊方法。简单地说，就是利用电流通过液体熔渣所产生的电阻热进行焊接的一种熔焊方法。但与电弧焊相比，它工效高、成本低，我国在一些高层建筑施工中已取得很好的效果。根据使用的电极形状，可分为丝极电渣焊、板极电渣焊、熔嘴电渣焊等。

2. 电阻焊

电阻焊在钢筋加工行业应用较广，尤其是对于自动焊接设备应用较多。如桁架焊接生产线、焊网生产线、板焊机、对焊机等。电阻焊是钢筋分别接触变压器正负两极，依靠自身电阻产生热量熔化，再施加一定的压力使钢筋局部融在一起，依靠焊头内部的冷却水冷却凝固。如果按照电阻焊的焊接接头来分，电阻焊可以分为两种形式，一种是搭接形式，一种是对接形式。按照工艺方法来分类分为点焊、缝焊、对焊。电阻焊的优点是结构较为简单，而且焊接过程中不需要保护气体；同时也不需要使用焊丝和焊条这样的填充物来做焊接，这样就大大地节省了成本。电阻焊操作比较简单，可以做到无烟尘，适用于工厂室内焊接。

3. 闪光对焊

闪光对焊是电阻焊的一种，这种对焊工艺常应用在对焊机上。将两根钢筋安放成对接形式，利用电阻热使接触点金属熔化，产生强烈飞溅，形成闪光，迅速加顶锻力完成的一种压焊方法，其主要包括三种工艺：连续闪光对焊、预热闪光对焊、闪光预热闪光焊。

3.2 数控钢筋设备工艺与操作要求

数控钢筋加工设备是现代工业化的产物，它区别于过去简单的手动钢筋加工设备。数控钢筋加工设备一般都是一种或几种传统工艺集中的加工中心。通过对设备各个机构的设计和程序的编辑替代了部分人工或全部人工操作，并且能够重复地批量地进行生产加工。其中较为典型的有数控钢筋调直切断机、数控钢筋弯箍机、桁架焊接生产线、柔性焊网生产线等。这些设备虽然在工艺上相对复杂，但操作却比过去更简单了。对操作者更多的要求是对设备的熟悉和调试技能的加强。

3.2.1 数控钢筋弯箍机的工艺与操作要求

数控钢筋弯箍机主要是对钢筋的牵引、矫直、弯曲、切断等工艺。数控钢筋弯箍机上采用的矫直机构一般为辊式矫直，由于一个箍筋的制作可能要弯曲2~5次甚至更多，每次弯曲的时候牵引系统必须停止，等待弯曲结束后再继续牵引，这样频繁的间歇矫直以辊式矫直最为常用。在剪切方面采用剪切式而非锯切式，这样的剪切速度较快，并且目前箍筋端平面的要求并不是很高。操作简洁，对于工人没有更多的技术性要求，有效地避免了由于工人技术不熟练造成的不合格品产生，图3-8为数控钢筋弯箍机工艺及操作流程。

数控钢筋弯箍机结构相对简单，对于操作者来说更多的是如何掌握对设备的调整方法。

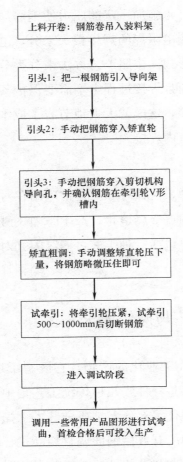

上料开卷：钢筋卷吊入装料架

↓

引头1：把一根钢筋引入导向架

↓

引头2：手动把钢筋穿入矫直轮

↓

引头3：手动把钢筋穿入剪切机构导向孔，并确认钢筋在牵引轮V形槽内

↓

矫直粗调：手动调整矫直轮压下量，将钢筋略微压住即可

↓

试牵引：将牵引轮压紧，试牵引500～1000mm后切断钢筋

↓

进入调试阶段

↓

调用一些常用产品图形进行试弯曲，首检合格后可投入生产

图 3-8　数控钢筋弯箍机工艺及操作流程

1. 矫直部分压下量的调整

调整时先松开锁紧螺母，调整螺杆到合适压下量后锁紧螺母即可。压下量以逐渐减少的模式压下，后面的两个压下辊的压下量调整到钢筋不发生变形为准。

（1）钢筋出现上下弯曲的调整：

钢筋出现上弯曲：向下调整竖直矫直机构最后一个压下辊或向上调整倒数第二个压下辊。

钢筋出现下弯曲：向上调整竖直矫直机构最后一个压下辊或向下调整倒数第二个压下辊。

（2）钢筋出现侧向弯曲的调整：

钢筋出现向里弯曲：调松水平矫直机构的最后一个压紧辊或调紧中间压紧辊。

钢筋出现向外弯曲：调紧水平矫直机构的最后一个压紧辊或调松中间压紧辊。

（3）钢筋压下量的调整：

对于具有均匀的横肋并具有均匀机械性能的钢筋，矫直比较容易，不需要矫直轮施加太大的压力。对于钢筋带有不规则横肋和不规则机械性能时，这种钢筋比较难矫直，建议在矫直轮上施加较大的压力。安装调试或特殊故障将钢筋退出后，运行前经过穿线慢速运行 3～4m 剪断，再运行 3～4m，观看钢筋的平直度，如果出现（1）、（2）款中所述的情况按各条款中的调整提示进行调整，直至钢筋直度达到要求为止。外侧钢筋的调整方法与内侧相同。值得注意的是每个矫直轮必须处于工作状态，这样能够保证机械的连续工作和使用寿命以及保证产品的质量。矫直机构压下量也应取合适值，否则过大又会使机械电流超载。

2. 牵引机构的调整

牵引机构上下压紧轮之间压紧力的大小可通过调整压紧气缸气压的大小来调整。要根据所弯钢筋直径和具体材质的不同，结合实际调试情况，调整到刚好能有效牵引钢筋为宜。一般直径大的钢筋压紧力大，直径小的压紧力小，压紧力太大会影响箍筋的表面质量和牵引机构的使用寿命。

3. 剪切机构的调整

当加工双线钢筋时换成双线固定刀，加工单线钢筋时换用单线固定刀。当发现活动刀与固定刀的间隙过大时检验剪切臂端盖（铜）的磨损情况，磨损严重时换用备件。如果间隙过大会产生切不断钢筋的情况。如果出现钢筋顶活动刀的情况，检查制动电机检测开关的位置是否松动。

3.2.2 桁架焊接生产线的工艺与操作要求

桁架焊接生产线是专用型大型自动化生产线，是集合多种钢筋加工工艺为一体的综合性设备。其工艺主要包括对钢筋的牵引、矫直、弯曲、焊接、切断等。由于钢筋桁架产品的结构特殊性，桁架焊接生产线采用的是间歇性的电阻焊接，每牵引一个步距，焊接一次。因此桁架焊接生产线一般采用辊式矫直器对各个钢筋进行矫直。桁架焊接生产线的弯曲工艺较常规工艺的形式有所不同，主要是针对腹杆的 W 型弯曲动作，要求动作连贯且快速，这部分机构一般是特殊设计的，目前有气拱式、摆杆式、滚压式等。但无论是哪种形式其功能是一致的，仅在效果上略有差异。桁架焊接生产线的切断工艺一般是采用三点式对剪工艺，根据钢筋桁架的结构只需剪断上弦筋与腹杆焊接处的一点以及下弦筋的两点就可以将钢筋桁架剪断了。剪断后由码垛机构部分的拉料机构托走。桁架焊接生产线的种类较多，图 3-9 为摆杆折弯式桁架焊接生产线工艺及操作流程。

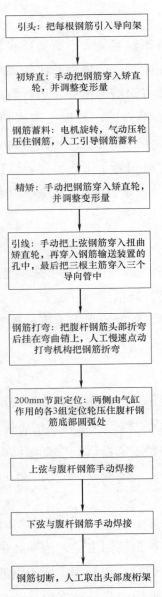

引头：把每根钢筋引入导向架

↓

初矫直：手动把钢筋穿入矫直轮，并调整变形量

↓

钢筋蓄料：电机旋转，气动压轮压住钢筋，人工引导钢筋蓄料

↓

精矫：手动把钢筋穿入矫直轮，并调整变形量

↓

引线：手动把上弦钢筋穿入扭曲矫直轮，再穿入钢筋输送装置的孔中，最后把三根主筋穿入三个导向管中

↓

钢筋打弯：把腹杆钢筋头部折弯后挂在弯曲销上，人工慢速点动打弯机构把钢筋折弯

↓

200mm节距定位：两侧由气缸作用的各3组定位轮压住腹杆钢筋底部圆弧处

↓

上弦与腹杆钢筋手动焊接

↓

下弦与腹杆钢筋手动焊接

↓

钢筋切断，人工取出头部废桁架

图 3-9　摆杆折弯式桁架焊接生产线工艺及操作流程

初步穿筋完毕后便可进入自动程序的设定，进行产品的自动生产。对于这种自动化生产线产品的首检是十分重要的，包括焊点是否牢固，长度和高度是否合格，步距是否准确等。如果某一项不合格必须要及时调整，因此操作人员必须对设备有足够的了解，对设备的结构以及生产工艺之间的关联性足够清楚。由于桁架焊接生产线设备种类多，结构复杂，设备具体调整方法无法统一介绍，还应多咨询各生产商售后服务部门。

3.2.3　柔性焊网生产线的工艺与操作要求

柔性焊网生产线是目前钢筋加工工艺涵盖较多的大型生产线，并且柔性焊网生产线的出料区域是开放式的，可以经过改造和添加机构实现网片的二次加工，如剪网、弯网、顶弯、弯网边等工艺。目前国内设备对于网片的二次加工技术还在研发探索中，欧洲设备在这方面则较为成熟。常用柔性焊网生产线一般是原材的矫直、切断、配筋运输、横纵筋焊接等工艺的结合，直至成品钢筋网片的输出。柔性焊网生产线对横纵钢筋的平直度要求是很高的，每一根横筋和纵筋都是经过矫直切断后单独使用的，如果平直度达不到要求就会影响后续的横向或纵向钢筋配送，最终导致产生尺寸不合格的网片。柔性焊网生产线一般采用旋转矫直机构，其原理类似调直切断机，对钢筋的矫直效果较好，基本能够满足使用。剪切一般采用的都是能够快速切断的裁剪式，这样有利于钢筋的连续下料，供给焊机使用。根据钢筋网片的结构，配筋方面一般分为横向配筋和纵向配筋，在横纵筋的交点处实施焊接。目前，应用于钢筋加工行业焊网生产线的基本以电阻焊形式为主，只是在馈电方式、同时焊点个数和焊接速度方面的区别。如目前应用的焊接电流频率有工频（50Hz）和中频（1000Hz），并且在单台变压器容量以及总容量上各设备厂家都有所不同，焊接回路有两点串联、多点串联和多点并联等方式。也可以说柔性焊网生产线工作速度的决定性因素之一就是焊机结构，以下为国内柔性焊网生产线工艺及操作流程。

1. 穿筋调试（图 3-10）

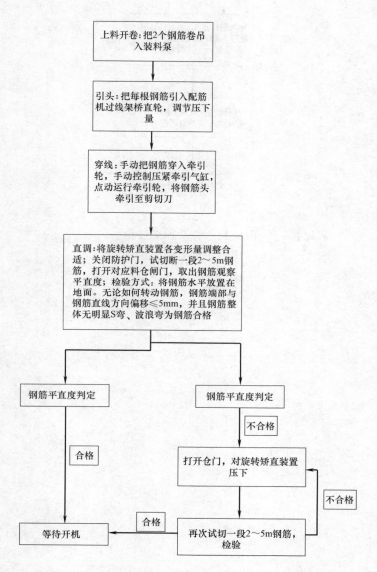

图 3-10　国内柔性焊网生产线工艺及操作流程

2. 自动加工过程

柔性焊网生产线是大型自动化设备，设备结构复杂，加工工艺多样，但对操纵人员技能要求并不高。各工艺都是在自动程序的控制下有序进行，操作人员只需多留意设备运行状况，及时调整设备情况。同桁架焊接生产线一样，柔性焊网生产线的首检工作也是非常重要的，图 3-11 为自动加工过程。成品钢筋网片各尺寸必须要在合格范围内才能进行后续生产，否则将会产生大量不合格产品。

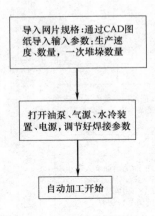

图 3-11　自动加工过程

第4章 钢筋加工相关标准与要求

随着建筑行业的快速发展，钢筋加工行业也在逐步提高技术水平和质量要求。现今钢筋加工也逐步形成质量体系，它包括钢筋原材的选用及检验，钢筋原材的贮存，成品钢筋的加工要求，成品钢筋质量检验，成品钢筋的配送及存放等各项事宜。而这种质量体系就是依靠相应的标准或规程来保证实施的。标准和规程分国家标准、行业标准、地方地区标准等诸多文件。成品钢筋的供需双方协商共同采用一个或几个标准来作为质量检验的标准。本章将列举出部分钢筋加工相关标准和规程。

4.1 《混凝土结构成型钢筋应用技术规程》JGJ 366—2015

4.1.1 规程对设备的要求

成型钢筋加工设备应符合现行行业标准《建筑施工机械与设备 钢筋切断机》JB/T 12077、《建筑施工机械与设备 钢筋调直切断机》JB/T 12078、《建筑施工机械与设备 钢筋弯箍机》JB/T 12079、《钢筋直螺纹成型机》JG/T 146 和《钢筋网成型机》JG/T 5115 的有关规定。

4.1.2 规程对材料的要求

1. 材料性能

成型钢筋的原材料应符合国家现行标准《钢筋混凝土用钢 第1部分：热轧光圆钢筋》GB/T 1499.1、《钢筋混凝土用钢 第2部分：热轧带肋钢筋》GB/T 1499.2、《钢筋混凝土用余热处理钢筋》GB 13014、《冷轧带肋钢筋》GB/T 13788 和《高延性冷轧带肋钢筋》YB/T 4260 等的规定。常用钢筋种类和力学性能应符合表 4-1 的规定；钢筋的公称直径、计算截面面积及理论重量应符合表 4-2 的规定；钢筋单位长度允许重量偏差应符合表 4-3 的规定。

常用钢筋种类和力学性能 表 4-1

钢筋牌号	公称直径范围（mm）	屈服强度 f_{yk}（N/mm²）	抗拉强度 f_{stk}（N/mm²）	断后伸长率 A（%）	最大力下总伸长 A_{gt}（%）
HPB300	6～22	300	420	25.0	10.0
HRB300	6～14	335	455	17.0	7.5
HRB400 HRBF400	6～50	400	540	16.0	7.5

注：表中最大力下总伸长率在现行国家标准《混凝土结构设计规范》GB 50010 中表达为 δ_{gt}。

钢筋的公称直径、计算截面面积及理论重量　表 4-2

公称直径(mm)	计算截面面积(mm²)	单根钢筋理论重量(kg/m)
5	19.6	0.154
6	28.3	0.222
8	50.3	0.395
10	78.5	0.617
12	113.1	0.888
14	153.9	1.208
16	201.1	1.578
18	254.5	1.998
20	314.2	2.466
22	380.1	2.984
25	490.9	3.853
28	615.8	4.834
32	804.2	6.313
36	1017.9	7.990
40	1256.6	9.865
50	1963.5	15.413

钢筋单位长度允许重量偏差　表 4-3

公称直径(mm)		实际重量与理论重量的偏差(%)
热轧带肋钢筋 余热处理钢筋	6～12	±6
	14～20	±5
	22～50	±4
热轧光圆钢筋	6～12	±7
	14～22	±5
冷轧带肋钢筋	5～12	±4
冷轧光圆钢筋	5～12	±4
高延性冷轧带肋钢筋	5～12	±4

钢筋的工艺性能参数应符合表 4-4 的规定，弯芯直径弯曲 180°后，钢筋受弯部位表面不应产生裂纹。

HRB335、HRB400E、HRB500E、HRBF335E、HRBF400E 或 HRBF500E 钢筋应用在按一、二、三级抗震等级设计的框架和斜撑构件（含梯段）中的纵向受力部位时，其强度和最大力下总伸长率的实测值应符合现行国家标准《混凝土结构工程施工质量验收规范》GB 50204 的相关规定，其中 HRB335E 和 HRBF335E 不得用于框架梁、柱的纵向受力钢筋，只可用于斜撑构件。

钢筋的工艺性能参数 表 4-4

牌号	公称直径 d（mm）	弯芯直径（mm）
CPB550	5～12	$3d$
CRB550	5～12	$3d$
CRB600H	5～12	$3d$
HRB335	6～14	$3d$
HRB400 HRBF400 RRB400 RRB400W	6～25	$4d$
	28～40	$5d$
	50	$6d$
HRB500 HRBF500 RRB500	6～25	$6d$
	28～40	$7d$
	50	$8d$

2. 进场检验

钢筋进厂时，加工配送企业应检查钢筋生产和销售单位的资质文件以及进厂钢筋产品质量证明文件，无证产品禁止使用。钢筋表面不应有裂纹、结疤、油污、颗粒状或片状铁锈。钢筋进厂时，加工配送企业应按国家现行相关标准的规定抽取试件作屈服强度、抗拉强度、伸长率、弯曲性能和重量偏差检验，检验结果应符合国家现行相关标准的规定。

检查数量：按进厂批次和产品的抽样检验方案确定。

检验方法：检查钢筋质量证明文件和抽样检验报告。

同一厂家、同一牌号、同一规格的钢筋连续三次进厂检验均一次检验合格时，其后的检验批量可扩大一倍。当扩大检验批后的检验出现一次不合格情况时，应按扩大前的检验批量重新验收，并应不再次扩大检验批量。

4.1.3 规程对成型钢筋加工的要求

1. 单件成型钢筋加工

（1）成型钢筋加工前，加工配送单位应根据设计图纸、标准规范和设计变更文件编制成型钢筋配料单并经施工单位确认，其内容宜符合表 4-5 的规定。

（2）成型钢筋加工前，加工配送单位应根据成型钢筋配料单制作成型钢筋料牌，其内容宜符合表 4-6 的规定。

（3）成型钢筋料牌应经加工配送企业技术负责人审核后方可下发到生产班组开始生产。

（4）钢筋连接端头的处理应符合设计规定，设计无专门规定时应符合下列规定：

1）成型钢筋切断机或剪切生产线切断，钢筋断面应平整且与钢筋轴线垂直。

2）成型钢筋闪光对焊连接时，钢筋端头宜用无齿锯或锯切生产线切断，钢筋断面应平整且与钢筋轴线垂直。

（5）钢筋切断时应将同规格钢筋长短搭配、统筹排料。

成型钢筋配料单 表 4-5

| 工程名称 | | | | | | 结构部位 | | | | |
| 工程编号 | | | | | | 交货时间 | | | | |
符号	钢筋牌号	钢筋规格	间距	形状简图及尺寸	下料长度	单构件根数	构件总数	总根数	重量（kg）	备注

成型钢筋料牌 表 4-6

施工单位			
工程名称		结构部位	
形状代码		编号	
钢筋牌号		下料长度	
钢筋规格		数量	
形状简图及尺寸			

（6）钢筋端头螺纹的加工应符合现行行业标准《钢筋机械连接技术规程》JGJ 107 的有关规定。

（7）盘卷钢筋调直应采用无延伸功能的钢筋调直切断机进行。调直后的钢筋应符合下列规定：

1）钢筋调直过程中表面受伤后，对于平行辊式调直切断机调直前后钢筋的质量耗损不应大于 0.5%，对于转毂式和复合式调直切断机调直前后钢筋的质量耗损不应大于 1.2%；

2）调直后的钢筋直线度每米不应大于 4mm，总直线度不应大于总长度的 0.4%，且不应有局部折弯。

（8）箍筋及拉筋宜采用数控钢筋弯箍机或钢筋弯曲中心加工，钢筋弯折应冷加工一次完成，钢筋弯折的弯弧内直径和平直段长度应符合现行国家标准《混凝土结构工程施工规范》GB 50666 的相关规定。

（9）纵向受力钢筋弯折后的平直段长度应符合设计要求及现行国家标准《混凝土结构设计规范》GB 50010 的有关规定。光圆钢筋末端作 180°弯钩时，弯钩的弯折平直段长度不应小于钢筋直径的 3 倍。

（10）箍筋、拉筋的末端的弯钩加工应符合现行国家标准《混凝土结构工程施工规范》GB 50666 的相关规定。

（11）焊接封闭箍筋的加工宜采用闪光对焊、电阻焊或其他有质量保障的焊接工艺，质量检验和验收应符合现行国家标准《混凝土结构工程施工规范》GB 50666 的相关规定。

（12）当钢筋采用机械锚固时，钢筋锚固端的加工应符合现行国家标准《混凝土结构设计规范》GB 50010 的规定。采用钢筋锚固板时，应符合现行行业标准《钢筋锚固板应用技术规程》JGJ 256 的规定。

（13）单间成型钢筋加工的尺寸形状允许偏差应符合表 4-7 的规定。

单件成型钢筋加工的尺寸形状允许偏差　　　　　　　　表 4-7

序号	项　　目	允许偏差
1	调直后直线度（mm/m）	+4.0
2	受力成型钢筋顺长度方向全长的净尺寸（mm）	±8
3	弯曲角度误差（°）	±1
4	弯起钢筋的弯折位置（mm）	±8
5	箍筋内净尺寸（mm）	±4
6	箍筋对角线（mm）	±5

2. 组合成型钢筋加工

组合成型钢筋的钢筋下料应满足设计规定。设计无特殊规定时应符合《混凝土结构成型钢筋应用技术规程》JGJ 366—2015 的有关规定。

(1) 桩基钢筋笼宜采用自动钢筋焊笼机加工，并应符合下列规定：

1) 钢筋笼主筋端头加工应满足连接要求，首节和其他节钢筋笼主筋应做好对接标志；

2) 钢筋笼主筋应在移动盘上固定牢固；起始节钢筋笼端头应齐平，标准节和末节钢筋笼主筋应按设计尺寸和构造要求错开接头位置；

3) 焊接前，箍筋应在主筋起始端并排连续缠绕两圈，并与主筋焊接牢固；

4) 固定盘之后的主筋长度达到预定长度时，箍筋应在主筋尾部端并排连续缠绕两圈并焊接牢固；

5) 螺旋箍筋的焊接宜采用 CO_2 气体保护焊，焊丝宜采用直径 1mm 镀铜焊丝。

(2) 桩基钢筋笼定位钢筋的焊接宜采用电弧焊焊接牢固。焊接后的定位钢筋应沿轴向垂直于钢筋骨架的直径断面，不得歪斜。

(3) 钢筋焊接网宜采用钢筋网自动成型机制造，制作的钢筋焊接网应符合现行国家标准《钢筋混凝土用钢 第 3 部分：钢筋焊接网》GB/T 1499.3 的有关规定。

(4) 柱焊接箍筋笼采用带肋钢筋制作时应符合设计要求，尚应符合下列规定：

1) 柱的箍筋笼应做成封闭式，并在箍筋末端应做成 135°的弯钩，弯钩末端平直段长度不应小于 10 倍箍筋直径且不小于 75mm；箍筋笼长度根据柱高可采用一段或分成多段，并应根据焊网机和弯折机的工艺参数确定。

2) 箍筋笼的箍筋间距不应大于 400mm 及构件截面的短边尺寸，且不应大于 15d，d 为纵向受力钢筋的最大直径，且不应小于 6mm。

(5) 梁焊接箍筋笼采用带肋钢筋制作时应符合设计要求，并做成封闭式或开口式的箍筋笼。当考虑抗震要求时，箍筋笼应做成封闭式，箍筋的末端应做成 135°弯钩，弯钩末端平直段长度不应小于 10 倍箍筋直径且不小于 75mm；对一般结构的梁平直段长度应不小于 5 倍箍筋直径，并在角部弯成稍大于 90°的弯钩。

(6) 钢筋桁架应采用数控钢筋桁架焊接设备制作，钢筋桁架的技术性能指标和结构尺寸及尺寸偏差应符合现行行业标准《钢筋混凝土用钢筋桁架》YB/T 4262 的有关规定和设计要求，同时尚应符合下列规定：

1) 焊接钢筋桁架的长度宜为 2～14m，高度宜为 70～270mm，宽度宜为 60～110mm。

2) 钢筋桁架的上、下弦杆与两侧腹杆的连接应采用电阻点焊。上、下弦杆钢筋宜采用 CRB550、CRB600H 或 HRB400 钢筋，腹杆宜采用 CPB550 级冷拔光面钢筋。

3）上、下弦钢筋直径宜为 5~16mm；腹杆钢筋直径宜为 4~9mm，且不应小于下弦钢筋直径的 0.3 倍。

4）钢筋桁架的实际重量与理论重量的允许偏差应为±7%。

（7）组合成型钢筋的钢筋连接应根据设计要求并结合施工条件，采用机械连接、焊接连接或绑扎搭接等方式。机械连接接头和焊接接头的类型及质量应符合国家现行标准《钢筋机械连接技术规程》JGJ 107、《钢筋焊接及验收规程》JGJ 18 和《混凝土结构工程施工规范》GB 50666 的有关规定。

（8）组合成型钢筋有拼装要求时应进行试拼装，并应符合连接要求。

（9）组合成型钢筋加工的尺寸允许偏差应符合表 4-8 的规定。

组合成型钢筋加工的尺寸允许偏差　　　　　　　　表 4-8

序号	项　　目	允许偏差（mm）
1	钢筋网横纵钢筋间距	±10 和规定间距的±0.5% 的较大值
2	钢筋网网片长度和网片宽度	±25 和规定长度的±0.5% 的较大值
3	钢筋笼主筋间距	±5
4	钢筋桁架主筋间距	±5
5	横筋（缠绕筋）间距	±5
6	钢筋桁架高度	+3，−3
7	钢筋桁架宽度	±7
8	钢筋笼直径	±10
9	钢筋笼总长度	±10
10	钢筋桁架长度	±0.3% 且不超过±20

4.1.4　规程对钢筋加工质量的要求

（1）螺纹加工质量应以同一设备、同一台班、同一直径钢筋螺纹为一检验批，抽查数量 10% 且不少于 10 个，用螺纹环规和直尺检查螺纹直径和螺纹长度，其检查结果应符合现行行业标准《钢筋机械连接技术规程》JGJ 107 的有关规定。当抽检合格率不小于 95% 时，判定该批次为合格。当抽检合格率小于 95% 时，应抽取同样数量的丝头重新检验。当两次检验的总合格率不小于 95% 时，该批判定合格。合格率仍小于 95% 时，则应对全部丝头进行逐个检验，剔除不合格产品。

（2）钢筋的弯折应进行弯折尺寸检查，应以同一台设备、同一台班加工的同一规格类型成型钢筋为一个检验批。同一检验批的首件必检，加工过程中应进行抽检，抽检次数不少于2次，每次抽检数量不少于2件，检查结果应符合《混凝土结构成型钢筋应用技术规程》JGJ 366—2015中第5.2.13条的规定。抽检合格率应为100%，否则应全数检查，剔除不合格品。

（3）箍筋、拉筋的弯钩应进行弯折尺寸检查，应以同一台设备、同一台班加工的同一规格类型成型钢筋为一个检验批。同一检验批的首件必检，加工过程中应进行抽检，检验次数不应少于2次，每次抽检数量不低于2件，检查结果应符合《混凝土结构成型钢筋应用技术规程》JGJ 366—2015中第5.2.13条的规定。抽检合格率应为100%，否则应全数检查，剔除不合格品。

（4）单间成型钢筋加工应进行形状、尺寸偏差检查，检查应按同一台设备、同一台班加工的同一规格类型成型钢筋为一个检验批。同一检验批的首件必检，加工过程中应进行抽检，抽检次数不少于2次，每次抽检数量不少于2件，检查结果应符合《混凝土结构成型钢筋应用技术规程》JGJ 366—2015中第5.2.13条的规定。当抽检合格率不为100%时，应全数检查，剔除不合格品。

（5）组合件成型钢筋加工应进行形状、尺寸偏差检查，检查应按同一台设备、同一台班加工的同一规格类型成型钢筋为一个检验批。同一检验批的首件必检，加工过程中应进行抽检，抽检次数不少于2次，每次抽检1件，检查结构应符合《混凝土结构成型钢筋应用技术规程》JGJ 366—2015中第5.2.10条的规定。当抽检合格率不为100%时，应全数检查，检查出的不合格品应在不破坏单件成型钢筋质量的前提下进行修复，不合格品严禁出厂。

（6）钢筋焊接网重量偏差和力学性能检验应按现行国家标准《钢筋混凝土用钢 第3部分：钢筋焊接网》GB/T 1499.3的规定执行。

（7）组合成型钢筋中的机械连接和焊接连接接头外观质量和力学性能检验应按现行行业标准《钢筋机械连接技术规程》JGJ 107和《钢筋焊接及验收规程》JGJ 18的规定执行。

4.2 《混凝土结构用成型钢筋制品》GB/T 29733—2013

4.2.1 标准对制品的要求

1. 一般要求

（1）钢筋的规格、性能和表面质量应符合GB/T 1499.1、GB/T 1499.2、GB 13014、GB/T 13788、GB 50666和YB/T 4260的规定。

（2）成型钢筋制品表面不应有裂纹、油污、焊渣、颗粒状或片状铁锈。

（3）成型钢筋制品的附件（如钢筋丝头保护帽、标签等）应齐全、完整，并符合国家现行标准的规定。

2. 尺寸与重量（表4-9）

钢筋允许偏差 表4-9

序号	项 目		允许偏差
1	调直后直线度（mm/m）		+4.0
2	调直切断长度（mm）		±5
3	纵向钢筋长度方向全长的净尺寸（mm）		±10
4	弯折角度（°）		≤3
5	弯起钢筋的弯折位置（mm）		±20
6	箍筋内净尺寸（mm）		±5
7	闪光对焊封闭箍筋	接头处弯折角（°）	≤3
		接头处轴线偏移（mm）	≤2
		接头所在直线边直线度（mm）	≤5
8	组合成型钢筋制品	主筋间距（mm）	±10
		箍筋间距（mm）	±20
		高度、宽度、直径（mm）	±5
		总长度（mm）	±25 或规定长度 0.5% 的较大值

成型钢筋制品的理论重量按组成钢筋公称直径和规定尺寸计算，计算时钢的密度采用 $0.00785g/mm^2$。成型钢筋制品实际重量与理论重量的允许偏差为 $±6\%$。

3. 成型质量

（1）钢筋调直、受力钢筋弯折出弯弧内直径应符合 GB 50204 和 GB 50666 的规定。

（2）箍筋、拉筋应符合 GB 50204 和 GB 50666 的规定。

（3）钢筋机械连接丝头和接头应符合 JGJ 107 的规定。

（4）钢筋焊接连接接头应符合 JGJ 18 的规定。

（5）组合成型钢筋制品应符合 GB/T 1499.3、GB 50204 和 GB 50666 的规定。

4.2.2　标准对试验方法的要求

1. 钢筋的规格、性能和表面质量

按 GB/T 1499.1、GB/T 1499.2、GB 13014、GB/T 13788、GB 50666 和 YB/T 4260 的规定进行试验。

2. 成型钢筋制品外观

目测。

3. 成型钢筋制品附件

目测。

4. 成型钢筋制品尺寸偏差

用钢尺、卷尺、角度尺测量。

5. 成型钢筋制品重量偏差

用电子衡器测量。

6. 成型钢筋制品成型质量

按 GB/T 1499.3、GB 50204、GB 50666、JGJ 18 和 JGJ 107 规定的检验项目、试验方法进行试验。

4.2.3　标准对检测规则的要求

1. 检验要求

成型钢筋制品应进行出厂检验。

每批由同一规格、同一性状的成型钢筋制品组成。每 30t 为一批，不足 30t 按一批记。

出厂检验的检验项目、抽样方法、试验方法和判定依据见表 4-10。

2. 判定规则

（1）对钢筋的规格、性能和表面质量的判定应符合 GB/T 1499.1、GB 50204、JGJ 18 和 JGJ 107 的规定。

（2）对成型钢筋制品成型质量的判定应符合 GB/T 1499.3、GB 50666、JGJ 18 和 JGJ 107 的规定。

（3）成型钢筋制品按（1）和（2）判定为合格后，对成型钢筋制品外观、成型钢筋制品附件、成型钢筋制品尺寸偏差、成型钢筋制品重量偏差全部检验合格时，应判定该批为合格；当有不合格项时，则应从该批成型钢筋制品中再取双倍试样进行不合

序号	检验项目	抽样方法	试验方法	判定依据
1	钢筋的规格、性能和表面质量	按 GB/T 1499.1、GB/T 1499.2、GB 13014、GB/T 13788 和 YB/T 4260	4.2.2-1	4.2.2-1-(1)
2	成型钢筋制品外观	应按批进行检查和验收,每批任意抽取 5%,但不少于 3 件	4.2.2-2	4.2.2-1-(2)
3	成型钢筋制品附件	应按批进行检查和验收,每批任意抽取 5%,但不少于 3 件	4.2.2-3	4.2.2-1-(3)
4	成型钢筋制品尺寸偏差	应按批进行检查和验收,每批抽取 3 个试样	4.2.2-4	表 4-9
5	成型钢筋制品重量偏差	应按批进行检查和验收,每批抽取 3 个试样	4.2.2-5	4.2.2-2
6	成型钢筋制品成型质量	按 GB/T 1499.3、GB 50204、GB 50666、JGJ 18 和 JGJ 107	4.2.2-6	4.2.2-3

格项的检验,复验结果全部合格时,该批成型钢筋制品应判定为合格。复验仍有不合格项时,对该批成型钢筋制品应逐件检查。

4.3 《钢筋混凝土用钢　第 3 部分：钢筋焊接网》GB/T 1499.3—2010

4.3.1 标准对钢筋网的定义

1. 钢筋焊接网

纵向钢筋和横向钢筋分别以一定的间距排列且互成直角、全部交叉点均焊接在一起的网片,如图 4-1 所示。

2. 纵向钢筋

与焊接网制造方向平行排列的钢筋。

3. 横向钢筋

与焊接网制造方向垂直排列的钢筋。

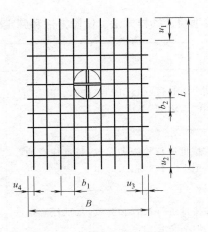

图 4-1　钢筋焊接网形状

4. 并筋

焊接网中并列紧贴在一起的同类型、同直径的两根钢筋。并筋仅适用于纵向钢筋。

5. 间距

焊接网中同一方向相邻钢筋中心线之间的距离，对于并筋，中心线为两根钢筋接触点的公切线如图 4-1 中 b_1、b_2 和图 4-2 中 b。

6. 伸出长度

纵向、横向钢筋超出焊接网片最外边横向、纵向钢筋中心线的长度，如图 4-1 中 u_1、u_2、u_3、u_4 和图 4-2 中 u。

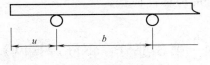

图 4-2　间距（b）与伸出长度（u）

7. 网片长度

焊接网片平面长边的长度（与制造方向无关）。

8. 网片宽度

焊接网片平面短边的长度（与制造方向无关）。

4.3.2　钢筋网的分类与标记

1. 分类

钢筋焊接网按钢筋的牌号、直径、长度和间距分为定型钢筋焊接网和定制钢筋焊接网两种。

2. 定型钢筋焊接网及标记

定型钢筋焊接网在两个方向上的钢筋牌号、直径、长度和间距可以不同，但同一方向上应采用同一牌号和直径的钢筋并具有相同的长度和间距。定型钢筋焊接网应按：长度方向钢筋牌号×宽度方向钢筋牌号；网片长度（mm）×网片宽度（mm）来标记焊接网型号。

例如：A10；CRB550×CRB550；4800mm×2400mm。

4.3.3 标准对钢筋网片的技术要求

1. 钢筋

（1）钢筋焊接网应采用 GB/T 13788 规定的牌号 CRB550 冷轧带肋钢筋和符合 GB/T 1499.2 规定的热轧带肋钢筋。采用热轧带肋钢筋时，宜采用无纵肋的热轧钢筋。

（2）钢筋焊接网应采用公称直径 5~18mm 的钢筋。经供需双方协议，也可采用其他公称直径的钢筋。

（3）钢筋焊接网两个方向均为单根钢筋时，较细钢筋的公称直径不小于较粗钢筋的公称直径的 0.6 倍。当纵向钢筋采用并筋时，纵向钢筋的公称直径不小于横向钢筋公称直径的 0.7 倍，也不大于横向钢筋公称直径的 1.25 倍。

2. 制造

（1）钢筋焊接网应采用机械制造，两个方向钢筋的交叉点以电阻焊焊接。

（2）钢筋焊接网焊点开焊数量不应超过整张网片交叉点总数的 1%，并且任一根钢筋上开焊点不得超过该根钢筋上交叉点总数的一半。钢筋焊接网最外边钢筋上的交叉点不得开焊。

3. 尺寸与重量

（1）钢筋焊接网纵向钢筋间距宜为 50mm 的整倍数，横向钢筋间距宜为 25mm 的整倍数，最小间距宜采用 100mm，间距的允许偏差取 ±10mm 和规定间距的 ±5% 的较大值。

（2）钢筋的伸出长度应不小于 25mm。

（3）网片长度和宽度的允许偏差取 ±25mm 和规定长度的 ±0.5% 的较大值。

（4）钢筋焊接网的理论重量按组成钢筋公称直径和规定尺寸计算，计算时钢的密度采用 7.85g/cm³。钢筋焊接网实际重量与理论重量的允许偏差为 ±4.5%。

4. 性能要求

（1）焊接网用钢筋的力学与工艺性能应分别符合相应标准中相应牌号钢筋的规定。

（2）对于公称直径不小于 6mm 的焊接网用冷扎带肋钢筋，冷轧带肋钢筋的最大总伸长率（A_{gt}）应不小于 2.5%，钢筋的强屈比 $R_m/R_{p0.2}$ 应不小于 1.05。

（3）钢筋焊接网焊点的抗剪力应不小于试样受拉钢筋规定屈服力值的 0.3 倍。

5. 表面质量

（1）钢筋焊接网表面不应有影响使用的缺陷。当性能符合要求时，钢筋表面浮锈和因矫直造成的钢筋表面轻微损伤可不作为拒收的理由。

（2）钢筋焊接网允许有因取样产生的局部空缺。

4.4 《钢筋混凝土用钢筋桁架》YB/T 4262—2011

4.4.1 标准对钢筋桁架的定义

1. 钢筋桁架

由一根上弦钢筋、两根下弦钢筋和两侧腹杆钢筋经电阻焊接成截面为倒"V"字形的钢筋焊接骨架，如图 4-3、图 4-4 所示。

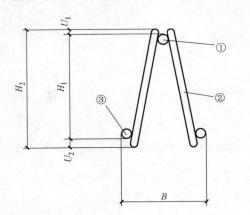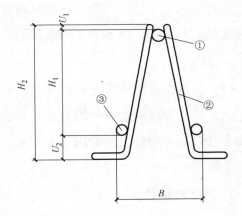

图 4-3　钢筋桁架截面示意图

2. 上弦钢筋

钢筋桁架上部的纵向直钢筋，如图 4-3 和图 4-4 中①。

3. 下弦钢筋

钢筋桁架下部的纵向直钢筋，如图 4-3 和图 4-4 中③。

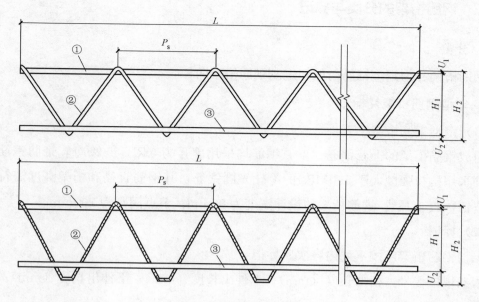

图 4-4　钢筋桁架示意图

4. 腹杆钢筋

钢筋桁架中连接上下弦的钢筋，如图 4-3 和图 4-4 中②。

5. 节点间距

上弦钢筋上相邻焊点（腹杆与弦的连接点）中点之间的距离，如图 4-4 中 P_s。

6. 高度

钢筋桁架最低点与最高点之间的垂直距离为桁架总高度，如图 4-4 中 H_2。下弦的最低点与上弦的最高点之间的垂直距离为桁架设计高度，如图 4-4 中 H_1。

7. 设计宽度

下弦钢筋外表面之间的最小距离，如图 4-3 中 B。

8. 伸出长度

腹杆钢筋高于上弦最高点的垂直距离为桁架上伸出长度，如图 4-4 中 U_1。腹杆钢筋低于下弦最低点的垂直距离为桁架下伸出长度，如图 4-4 中 U_2。

9. 长度

上（或下）弦的长度，如图 4-4 中 L。

10. 倾斜角

腹杆钢筋与钢筋桁架纵向轴线的夹角。

4.4.2　钢筋桁架的分类与标记

1. 分类

钢筋桁架分为定型钢筋桁架和定制钢筋桁架两种。

2. 定型钢筋桁架及标记

（1）定型钢筋桁架

组成钢筋桁架的上弦钢筋、下弦钢筋均采用牌号为 CRB550 级冷轧带肋钢筋；腹杆钢筋采用抗拉强度大于 550MPa 的冷轧光圆钢筋，其钢筋直径和桁架高度需符合规定的取值（表 4-13）；钢筋桁架的设计宽度为 80mm；节点间距为 200mm。

（2）标记

定型钢筋桁架应按下列内容次序标记：

桁架规格代号—桁架长度（mm）—上伸出长度（mm）；下伸出长度（mm）。

例：A70—4000mm—0mm；3mm

定型钢筋桁架上、下弦及腹杆的钢筋直径和桁架高度列于表 4-13 中。

3. 定制钢筋桁架及标记

（1）定制钢筋桁架

定制钢筋桁架的上、下弦及腹杆采用的钢筋牌号、钢筋直径、设计高度、长度、上下伸出长度、设计宽度、节点间距应根据需方要求，由供需双方协商确定，并以设计图纸表示。

（2）标记

定制钢筋桁架应按下列内容次序标记：

上弦钢筋牌号；下弦钢筋牌号；腹杆钢筋牌号—上弦钢筋直径；下弦钢筋直径；腹杆钢筋直径—设计高度（mm）—桁架长度（mm）—上伸出长度（mm）；下伸出长度（mm）—设计宽度（mm）—节点间距（mm）。

例：HRB400；HRB400；CRB550—16；14；8—70mm—4000mm—0mm；3mm—80mm—200mm。

4.4.3　标准对钢筋桁架的技术要求

1. 钢筋

（1）组成钢筋桁架的钢筋选用的牌号及直径的范围见表 4-11。

（2）腹杆钢筋采用冷轧光圆钢筋时，钢筋抗拉强度应不小于 550MPa，断后伸长

率 A_{100mm} 应不小于 4‰，反复弯曲 3 次后钢筋受弯曲部位表面不得产生裂纹。

钢筋选用牌号及直径范围　　　　表 4-11

钢筋名称	钢筋选用牌号	钢筋公称直径
上弦钢筋	CRB550，HRB400，HRB335	5～16mm
下弦钢筋	CRB550，HRB400，HRB335	5～14mm
腹杆钢筋	抗拉强度大于 550MPa 的冷轧光圆钢筋	4～9mm
腹杆钢筋直径应不小于下弦钢筋直径的 0.3 倍，且不小于 4mm		

2. 制造

钢筋桁架应在工厂中由专用的焊接机械制造，腹杆与上下弦应用电阻点焊焊接。

3. 尺寸、重量和允许偏差

钢筋桁架的尺寸、重量和允许偏差的应符合表 4-12 规定。

钢筋桁架的尺寸、重量和允许偏差　　　　表 4-12

名称	数值	允许偏差
长度	2000～14000mm，数值为 200mm 的整数倍	总长度的 ±0.3%，且不超过 ±30mm
设计高度	70～270mm，数值为 10mm 的整数倍	+1mm 和 −3mm
设计宽度	80～110mm，数值为 10mm 的整数倍	±7.5mm
伸出长度	协商确定	0～4mm
上弦焊点间距	推荐 200mm	±2.5mm
理论重量	—	±7.0%

4. 性能要求

（1）钢筋桁架用钢筋的力学与工艺性能应分别符合相应标准的规定。

（2）钢筋桁架焊点的抗剪力应不小于腹杆钢筋规定屈服力值的 0.6 倍。

5. 表面质量

（1）每件制品的上弦不得开焊，下弦焊点开焊数量不应超过下弦焊点总数的 4%，且相邻两焊点不得有连续开焊现象。

（2）焊点处熔化金属应均匀。

（3）焊点应无裂纹、多孔性缺陷和明显的烧伤现象。

（4）只要性能符合要求，钢筋表面浮锈和因矫直造成的钢筋表面轻微损伤不作为拒收的理由。

6. 定型钢筋桁架的规格（表4-13）

定型钢筋桁架的规格　　　　　　　　　　　　表 4-13

桁架规格代号	上弦钢筋公称直径（mm）	腹杆钢筋公称直径（mm）	下弦钢筋公称直径（mm）	桁架设计高度（mm）	桁架规格代号	上弦钢筋公称直径（mm）	腹杆钢筋公称直径（mm）	下弦钢筋公称直径（mm）	桁架设计高度（mm）
A70	8	4	6	70	C120	10	5	8	120
A80	8	4	6	80	C130	10	5	8	130
A90	8	4	6	90	C140	10	5	8	140
A100	8	4	6	100	C150	10	5.5	8	150
A110	8	4.5	6	110	C160	10	5.5	8	160
A120	8	4.5	6	120	C170	10	5.5	8	170
B70	8	4	8	70	D70	10	4.5	10	70
B80	8	4	8	80	D80	10	4.5	10	80
B90	8	4.5	8	90	D90	10	4.5	10	90
B100	8	4.5	8	100	D100	10	4.5	10	100
B110	8	4.5	8	110	D110	10	5	10	110
B120	8	4.5	8	120	D120	10	5	10	120
B130	8	5	8	130	D130	10	5	10	130
B140	8	5	8	140	D140	10	5	10	140
B150	8	5	8	150	D150	10	5.5	10	150
B160	8	5	8	160	D160	10	5.5	10	160
B170	8	5.5	8	170	D170	10	5.5	10	170
C70	10	4.5	8	70	D180	10	6	10	180
C80	10	4.5	8	80	D190	10	6	10	190
C90	10	4.5	8	90	D200	10	6	10	200
C100	10	4.5	8	100	D210	10	6.5	10	210
C110	10	5	8	110	D220	10	6.5	10	220

桁架规格代号	上弦钢筋公称直径（mm）	腹杆钢筋公称直径（mm）	下弦钢筋公称直径（mm）	桁架设计高度(mm)	桁架规格代号	上弦钢筋公称直径（mm）	腹杆钢筋公称直径（mm）	下弦钢筋公称直径（mm）	桁架设计高度(mm)
D230	10	6.5	10	230	F200	12	6.5	10	200
D240	10	7	10	240	F210	12	6.5	10	210
D250	10	7	10	250	F220	12	7	10	220
D260	10	7	10	260	F230	12	7	10	230
D270	10	7	10	270	F240	12	7	10	240
E70	12	4.5	8	70	F250	12	7.5	10	250
E80	12	4.5	8	80	F260	12	7.5	10	260
E90	12	4.5	8	90	F270	12	7.5	10	270
E100	12	4.5	8	100	G70	12	4.5	12	70
E110	12	5	8	110	G80	12	4.5	12	80
E120	12	5	8	120	G90	12	4.5	12	90
E130	12	5	8	130	G100	12	5	12	100
E140	12	5.5	8	140	G110	12	5	12	110
E150	12	5.5	8	150	G120	12	5	12	120
E160	12	5.5	8	160	G130	12	5.5	12	130
E170	12	5.5	8	170	G140	12	5.5	12	140
F70	12	4.5	10	70	G150	12	5.5	12	150
F80	12	4.5	10	80	G160	12	6	12	160
F90	12	5	10	90	G170	12	6	12	170
F100	12	5	10	100	G180	12	6	12	180
F110	12	5	10	110	G190	12	6.5	12	190
F120	12	5	10	120	G200	12	6.5	12	200
F130	12	5.5	10	130	G210	12	6.5	12	210
F140	12	5.5	10	140	G220	12	7	12	220
F150	12	5.5	10	150	G230	12	7	12	230
F160	12	6	10	160	G240	12	7	12	240
F170	12	6	10	170	G250	12	7.5	12	250
F180	12	6	10	180	G260	12	7.5	12	260
F190	12	6.5	10	190	G270	12	7.5	12	270

第 5 章 钢筋加工、连接中常见的问题和解决方法

5.1 预制混凝土构件的钢筋连接

预制装配式混凝土结构是由预制混凝土构件通过可靠的连接方法装配而成的混凝土结构（摘自《装配式混凝土建筑技术标准》GB/T 51231 定义）。混凝土预制构件的钢筋连接节点包括两部分：1）预制构件之间的钢筋连接；2）预制构件体内的钢筋连接。

图 5-1 半灌浆套筒钢筋接头

预制构件之间的钢筋连接节点在预制构件的端部，主要方法有：套筒灌浆连接、浆锚搭接连接和挤压套筒连接（注：这些连接方式在 GB/T 51231—2016 中第 5.6.4 条和第 5.7.11 条中有规定）。浆锚搭接连接、挤压套筒连接，以及套筒灌浆连接中的全灌浆套筒连接方法对钢筋的加工没有特别要求，而半灌浆套筒连接要在预制构件生产中完成套筒一端与钢筋的连接（图 5-1）。

现行行业标准《钢筋连接用灌浆套筒》JG/T 398 中定义了半灌浆套筒：即接头一端采用灌浆连接方式连接，另一端采用非灌浆方式连接（通常为螺纹连接，也可以是除螺纹连接方法外经验证确认的其他连接形式，如挤压连接、焊接等）

的灌浆套筒，见图5-1。半灌浆套筒钢筋接头由于连接尺寸小、加工安装简便、生产效率高，相比于全灌浆接头，接头长度短，灌浆料用量少，现场灌浆压力低，施工方便，灌浆饱满度质量高等优点，目前在预制墙、柱等PC构件竖向主筋连接中应用广泛。

预制构件体内的钢筋连接主要指纵向受力主筋的连接，其节点在预制构件的内部。预制构件的长度根据结构楼层高度和运输要求进行设计，在预制构件工厂，需要根据构件长度对长钢筋进行剪裁，切断后的短钢筋可以采用绑扎搭接、焊接方法和机械连接方法进行连接，并应符合《混凝土结构设计规范》GB 50010—2010 第8.4节的相关规定。焊接方法（图5-2）主要采用电弧搭接焊和闪光对焊，焊接工艺及质量满足现行行业标准《钢筋焊接及验收规程》JGJ 18。机械连接（图5-3）主要采用螺纹连接，钢筋无法加工螺纹等特殊情况下可采用挤压套筒连接，机械连接工艺及质量控制应满足现行行业标准《钢筋机械连接技术规程》JGJ 107 的有关规定，机械连接套筒

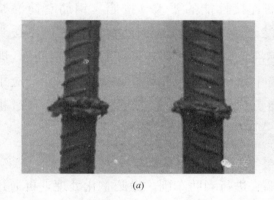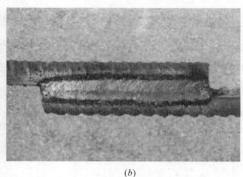

（a）　　　　　　　　　　　　　（b）

图 5-2　焊接连接接头
（a）电弧搭接焊（b）闪光对焊

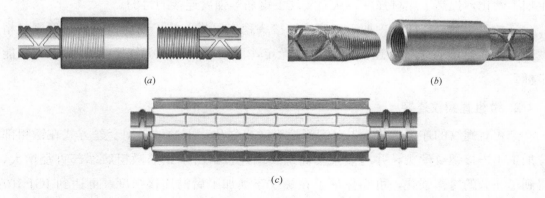

（a）　　　　　　　　　　　　　（b）
（c）

图 5-3　机械连接接头
（a）直螺纹套筒接头；（b）锥螺纹套筒接头；（c）挤压连接接头

应满足现行行业标准《钢筋机械连接用套筒》JG/T 163 的相关要求。

预制混凝土结构及预制构件的钢筋连接质量是保证结构安全的关键环节之一，作为半灌浆套筒接头一端的钢筋螺纹连接是预制构件钢筋连接的主要方法；同样采用螺纹连接的钢筋锚固板也是混凝土结构钢筋锚固的重要方法，满足现行行业标准《钢筋锚固板应用技术规程》JGJ 256，因此对预制混凝土构件钢筋的螺纹加工质量需要严格把控，涉及加工设备、生产工艺、安装与连接等多个环节。

5.2　螺纹连接钢筋加工、连接工艺

目前建筑施工中，钢筋螺纹连接主要包括锥螺纹连接、直螺纹连接两大类，其中直螺纹连接又分为剥肋滚轧直螺纹连接、直接滚轧直螺纹连接、镦粗直螺纹连接几种。由于普通锥螺纹连接无法达到钢筋母材的实际强度，直接滚轧直螺纹连接的丝头螺纹尺寸精度难以保证，考虑到 PC 结构对钢筋连接性能的要求（按照《钢筋套筒灌浆连接应用技术规程》JGJ 355—2015 第 3.2.2 条款规定，"钢筋套筒灌浆连接接头的抗拉强度不应小于连接钢筋抗拉强度标准值，且破坏时应断于接头外钢筋"，即针对半灌浆接头，不允许钢筋丝头从套筒中拔出，且不允许断于螺纹根部），应用于 PC 结构的螺纹连接主要采用连接性能更为可靠的剥肋滚轧直螺纹连接和镦粗直螺纹连接两种。

1. 剥肋滚轧直螺纹连接

剥肋滚轧直螺纹的连接工艺：对钢筋端头进行剥肋车削，做圆整化处理，再通过滚轧方式加工出连接螺纹丝头，并与灌浆套筒螺纹端连接。

剥肋滚轧加工的螺纹，其钢筋基圆原材基本没有被切削，并且通过滚压，钢筋产生加工硬化，提高了原材强度，从而实现了钢筋等强度连接的目的。

该加工工艺操作简单，加工工序少，接头稳定可靠，施工便捷；螺纹牙形好，精度高，不存在虚假螺纹，连接质量可靠稳定，可达到 JGJ 107 规定的Ⅰ级接头性能指标。

2. 镦粗直螺纹连接

镦粗直螺纹的连接工艺：先对钢筋端头镦粗强化，再通过车削套丝方式在镦粗部位加工出连接螺纹丝头，并与灌浆套筒螺纹端连接。由于钢筋镦粗后端部直径增大，得到了充分的冷作强化，可靠保证了在螺纹车削加工后的连接强度。可达到 JGJ 107 规定的Ⅰ级接头性能指标。

注：针对钢筋连接性能要求更高，或遇到表皮硬内芯软，无法单独通过剥肋滚轧

方式达到等强螺纹连接的钢筋，也可采用镦粗剥肋滚轧组合方式进行螺纹加工，即先镦粗再采用剥肋滚轧方式形成螺纹丝头进行连接。由于加工原理相同，本书不做单独阐述。

5.3 钢筋螺纹加工及连接作业流程

1. 剥肋滚轧直螺纹连接（图 5-4）

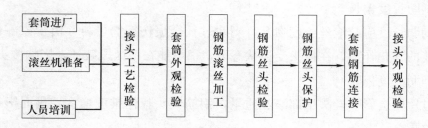

图 5-4 剥肋滚轧直螺纹工艺流程图

2. 镦粗直螺纹连接（图 5-5）

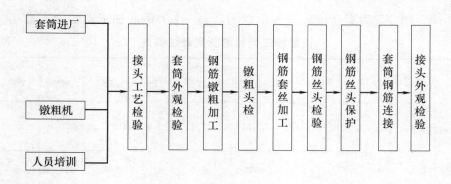

图 5-5 镦粗直螺纹工艺流程图

5.4 常见问题原因分析及解决方法

5.4.1 剥肋滚轧直螺纹连接常见问题

1. 钢筋剥肋直径的偏差

钢筋剥肋后直径尺寸是一个中间过程值（表 5-1），一般该尺寸为钢筋基圆直径尺寸（但如遇到负公差及钢筋截面不规则的钢筋，该尺寸可适当加大），如果该尺寸控制不好，加工偏差较大，也会直接影响之后的丝头滚轧尺寸。

（1）剥肋直径偏大（钢筋表面横纵肋没有完全去掉），滚轧后的丝头螺纹可能会出现毛刺，牙形光洁度下降；同时由于滚丝直径已设定，过大的钢筋剥肋直径会增大滚丝轮的下压量，降低滚轮寿命。

（2）剥肋直径偏小，则可造成丝头牙形不饱满，丝头牙尖秃齿的可能性增大。

2. 钢筋剥肋长度的偏差

（1）剥肋长度偏长

钢筋剥肋长度应与滚丝长度吻合，剥肋过长会损伤钢筋母材，由于该部位剥肋后未得到滚轧的强化作用，在接头受拉状态下，很可能在该区段破坏，影响接头强度。

（2）剥肋长度偏短

剥肋过短则会影响丝头根部滚丝质量，钢筋丝头整体锥度增大，进而影响丝头与套筒的螺纹配合。

3. 钢筋丝头公称尺寸的偏差

加工完成的钢筋丝头应用专用螺纹环规检测，环规分通、止两端，尺寸合格的丝头可以顺利旋入环规通端，手拧外露 0～3 扣；止端手拧旋入不超过 3 扣，图 5-6 为专用螺纹环规，图 5-7 为剥肋滚轧丝头示意图，表 5-1 为钢筋加工剥肋滚压直螺纹参数。

钢筋加工剥肋滚压直螺纹参数   表 5-1

加工钢筋直径 d	$\phi12$	$\phi14$	$\phi16$	$\phi18$	$\phi20$	$\phi22$	$\phi25$	$\phi28$	$\phi32$	$\phi36$	$\phi40$
剥肋后直径	$11.3_{-0.1}$	$13.2_{-0.1}$	$15.2_{-0.1}$	$17.1_{-0.1}$	$19.1_{-0.1}$	$21.1_{-0.1}$	$23.9_{-0.1}$	$26.9_{-0.1}$	$30.6_{-0.1}$	$34.5_{-0.1}$	$38.1_{-0.1}$
剥肋长度	$16.5_{-1.0}$	$18_{-1.0}$	$20_{-1.0}$	$23.5_{-1.0}$	$26_{-1.0}$	$28.5_{-1.0}$	$31_{-1.0}$	$36.5_{-1.0}$	$42_{-1.0}$	$49.5_{-1.0}$	$54_{-1.0}$
丝头螺纹长度	19.5^{+2}	20^{+2}	22^{+2}	$25.5^{+2.5}$	$28^{+2.5}$	$30.5^{+2.5}$	$33^{+2.5}$	38.5^{+3}	44^{+3}	51.5^{+3}	56^{+3}
丝头螺纹大约扣数	9.5～10.5	10.5～11.5	11.5～12.5	10～11	11～12	12～13	13～14	13～14	14.5～15.5	17～18	18.5～19.5
丝头螺纹 $M \times P$	M12.5×2.0	M14.5×2.0	M16.5×2.0	M18.7×2.5	M20.7×2.5	M22.7×2.5	M25.7×2.5	M28.9×3.0	M32.7×3.0	M36.5×3.0	M40.2×3.0
备注	1. 剥肋长度不含斜坡，为保证丝头强度，宜短不宜长； 2. 剥肋后直径为过程控制参考参数，最终以丝扣合格为依据； 3. 丝头长度公差为 0～+1 扣，从严控制。相关行业标准为 0～+2 扣										

（1）丝头过大，会造成无法顺利旋入套筒中。

（2）丝头过小，丝头与套筒配合间隙增大，从而降低螺牙的抗剪能力。

图 5-6　专用螺纹环规

4. 丝头有效螺纹长度的偏差

丝头的有效长度应与套筒螺纹有效长度一致，公差为 $0\sim+1P$。

（1）丝头长度偏长，会导致丝头拧紧后外露扣较多，接头受拉时容易断于外露螺纹处。

（2）丝头长度偏短，则无法达到与套筒的配合长度，接头强度会受到影响。

5. 丝头牙形外观不合格

钢筋丝头宜满足 6f 级精度要求，在螺纹有效长度范围内，秃齿或断扣的累积圈数大于 2 圈，牙形光洁度低，齿形毛糙。

6. 接头连接不充分

丝头没能彻底旋入套筒，造成螺纹配合长度不足，影响连接强度。

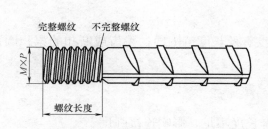

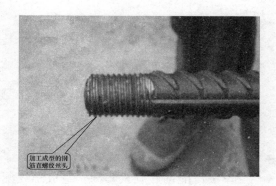

图 5-7　剥肋滚轧丝头示意图

5.4.2　镦粗直螺纹连接常见问题

1. 钢筋镦粗直径的偏差

钢筋镦粗后直径应为钢筋公称直径＋2mm，其公差为±0.5mm。

（1）镦粗直径偏大，会增大钢筋脆断的可能性，同时加大了螺纹切削难度，刀具寿命降低。

（2）镦粗直径偏小，则会导致螺纹牙形不饱满，螺纹齿尖秃齿。

2. 钢筋镦粗长度不足

钢筋镦粗长度即镦粗段有效长度，应保证该长度不低于螺纹加工长度，否则也会导致有效螺纹长度范围内牙形不完整。

3. 镦粗头外观不合格

钢筋镦粗后端部弯曲明显，或存在垂直于钢筋轴线的横向裂纹。

4. 丝头公称尺寸的偏差

加工完成的钢筋丝头应用专用螺纹环规检测，环规分通、止两端，尺寸合格的丝头可以顺利旋入环规通端，手拧外露 0～3 扣；止端手拧旋入不超过 3 扣。

丝头过大，会造成无法顺利旋入套筒中，丝头过小，丝头与套筒配合间隙增大。

5. 丝头有效螺纹长度偏差

丝头的有效长度应与套筒螺纹有效长度一致，公差为 $0～+2P$。

（1）长度偏长会导致丝头拧紧后外露扣较多，接头受拉时容易断于外露螺纹处。

（2）丝头长度偏短，则无法达到与套筒的配合长度，接头强度会受到影响。

6. 丝头牙形外观不合格

钢筋丝头宜满足 6f 级精度要求，在螺纹有效长度范围内，秃齿或断扣的累积圈数大于 2 圈。牙形光洁度低，齿形毛糙。

7. 接头连接不充分

丝头没能彻底旋入套筒，造成螺纹配合长度不足，影响连接强度。

5.4.3 解决方法（表 5-2、表 5-3）

剥肋滚轧直螺纹解决方法 表 5-2

序号	问题	原因分析	解决办法
1	钢筋剥肋直径偏差	刀具磨损	使用定位棒，调节剥肋刀片间距

序号	问题	原因分析	解决办法
2	钢筋剥肋长度偏差	1. 钢筋虎钳因磨损无法卡住钢筋或因工人原因没卡紧。 2. 剥肋调整机构未锁紧。 3. 钢筋入位定位不准确或不能保证重复定位准确度	1. 更换钳口或用力加紧虎钳。 2. 重新设定滚丝机跳刀位置，并将调整机构螺栓锁紧。 3. 更换定位块
3	钢筋丝头公称尺寸偏差	定位设定装置不准确	使用定位棒，调节滚丝轮间距
4	丝头有效螺纹长度的偏差	1. 定位行程开关位置有误。 2. 滚丝机构摆动大使行程限位不灵。 3. 钢筋入位定位不准确或不能保证重复定位准确度	1. 调节滚丝机前行程定位开关触点位置。 2. 将设备固定于平坦牢固的地面上，减少机架晃动。 3. 更换定位块
5	丝头牙形外观不合格	1. 设备缺少润滑液的前提下长时间工作。 2. 滚丝机滚轮磨损。 3. 钢筋原材直径小，或椭圆	1. 及时补充切削液。 2. 更换滚丝轮。 3. 调整剥肋直径
6	接头连接不充分	钢筋旋入力度不够	使用带扳手旋紧丝头，直至丝头端面与套筒限位台肩顶紧，用力矩扳手校验

镦粗直螺纹解决方法　　　　　　　　　　　　　　　　　　　表 5-3

序号	问题	原因分析	解决办法
1	钢筋镦粗直径偏差	镦粗行程开关设置有误	调节镦粗机前行程开关
2	钢筋镦粗长度不足	模具尺寸不符合	更换成型模具
3	镦粗头外观不合格	钢筋端头有马蹄飞边，或者锯切不平整，钢筋端面与轴线不垂直	使用无齿锯锯切钢筋端头，保证端部平整
4	丝头公称尺寸偏差	刀具磨损或设定有误	调节套丝机梳刀开口尺寸
5	丝头有效螺纹长度偏差	镦粗行程开关设置有误	调节套丝机前行程定位轮位置

序号	问 题	原 因 分 析	解 决 办 法
6	丝头牙形外观不合格	1. 设备缺少润滑液前提下长时间工作。 2. 梳刀磨损。 3. 镦粗量不足	1. 向套丝机内加注切削液。 2. 更换梳刀。 3. 适当加大镦粗量
7	接头连接不充分	钢筋旋入力度不够	使用带扳手旋紧丝头,直至丝头端面与套筒限位台肩顶紧,用力矩扳手校验

第6章 数控钢筋加工设备在
预制构件工厂的应用

随着国民经济的快速增长人们的生活质量逐渐提高，人们对住房品质的要求越来越高，为了加速城市建设我国开始推行住房产业化，采用装配式建筑来加快住宅建设的进度。装配式建筑的基本单元就是混凝土预制构件，也叫 PC 构件。其生产形式类似于钢筋的集中化加工，采用模块式的规划，在工厂中统一制作各种混凝土预制构件。然后配送至装配式建筑工地，在现场组装起来搭建成楼房。最早提出 PC 住宅产业化行为的是以美国为代表的欧美国家，于第二次世界大战之后率先提出并实施 PC 住宅产业化之路。PC 住宅具有高效节能、绿色环保、降低成本、提供住宅功能及性能等诸多优势。在当今国际建筑领域，PC 项目的运用形式，各国和各地区均有所不同，在中国大陆地区尚属开发、研究阶段。随着人们对住宅品质的不断追求，住宅从基本居住功能，发展至外在环境的舒适，再到内在居住性能质量的提高，都要求实施住宅产业化，而 PC 住宅产业化更是中国房地产行业发展的必然趋势。近年来，住宅产业化、节能减排、质量安全、生态环保等种种建筑新理念为 PC 构件带来了发展契机，城镇化进程中的大量基础设施建设，大规模保障房亟须标准化、快速建造。

一般 PC 构件厂都配备有自己的钢筋加工车间，这样有利于实现从原材料到成品构件的全自动化生产，同时也省去许多中间环节增加经济效益。这就无形中促成了钢筋加工设备由现场转入工厂的一种形式。PC 构件工厂会引进一些钢筋加工设备生产所需钢筋产品。但由于 PC 构件工厂在近两年刚刚复苏，在设备的选用和布局规划方面还在探索中。

6.1 预制构件厂钢筋加工设备的选择

针对国内情况，PC 构件工厂配备的钢筋加工车间都较为简单，设备种类也有限。目前预制构件厂常用的加工设备有数控钢筋弯箍机、数控钢筋剪切生产线、数控钢筋弯曲中心、钢筋桁架生产线、柔性焊网生产线等设备。根据工厂自身情况有些 PC 构件工厂还配备有钢筋螺纹套丝机、调直切断机、冷扎压肋机、点焊机、弯网机等设备。虽然设备种类较少，但设备生产厂家较多，每种设备的规格较多，且设备功能、尺寸大小、电力消耗等方面都有差异。因此预制构件厂应该根据自身产品的计划，合理地采购钢筋加工设备。在设备产能、空间大小、电力配备等方面都是需要综合考虑的。

（1）电力配备应该满足所有钢筋加工设备总和的需求，如果超出了计划用电量，那么就需要减少设备数量，或采购较小功率设备。

（2）设备的产能应该与预制构件生产线相匹配。钢筋产品的产能不足将造成 PC 构件生产线停工，钢筋产品产能过高将导致钢筋加工生产线的停工，这都将降低工厂的经济效益。

（3）预制构件厂应该根据产品的种类确定钢筋加工设备的选用，针对各工艺各工序采购不同种类的钢筋加工设备。

6.2 预制构件厂的钢筋加工车间布局

国内 PC 构件的生产模式与国外还存在很大差距，自动化程度还较低。钢筋产品的运输还是主要依靠人工操作叉车、平板车等设备运输至构件生产车间，再由人工辅助将钢筋产品放置在模台上。因此，国内的 PC 构件工厂的钢筋加工车间布局并不复杂。但由于试点刚刚起步，仍存在很多问题。首先，车间的规划应该先于设备的引进。许多用户认为钢筋加工设备定制时间较长，所以厂房规划和设备采购同时进行，甚至早早将设备订购，这种做法是不可取的。很多时候会由于车间过于窄小，导致大型设备无法摆放安装，或者设备与设备之间距离过近等问题。其实设备本身是灵活的，只要提前规划好车间厂房，是能够通过一些调整或订制来解决设备尺寸问题的，这样合理的规划才能避免造成物流不畅等缺陷。合理的布局原则主要有以下几点：

1. 按原材料对设备进行分类规划

钢筋加工的原材料主要有两种形式，盘条钢筋和直条钢筋。与此对应的设备也配有不同的放线设备，可以根据原材的供应将对应设备规划在一起，有利于原材料的运输和装卸，加强车间运行的有序性。如数控钢筋弯箍机、柔性焊网机、桁架焊接生产线等设备都是采用盘条钢筋原料可以规划在相近区域，棒材剪切生产线、数控弯曲中心、套丝生产线等设备都是采用直条钢筋原料可以规划在相近区域。

2. 相关工序应规划在相近区域

钢筋加工过程中有些为中间过程工序，加工后的产品仍要转序进一步加工。这样的几道工序应该规划在相近区域，最好顺次相接，能够省去不必要的运输和烦琐的转序，使运转更加流畅。

3. 按成型钢筋种类对设备进行分类规划

成型钢筋多种多样，但可大致归为两类：一类是在设备上加工成型后仍需在模台处进行人工处理（如焊接，绑扎等）的半成品，这种半成品往往所需数量较大。一类是在设备上加工成型后直接人工辅助摆放在模台上就可以的成品，如钢筋网片、钢筋桁架等产品。半成品的用量较大，产品的运输自然也较为频繁。将此类设备规划在相近区域可以集中运输，减少车间内部的频繁物流。

4. 按设备所需空间进行规划

目前大多数加工车间宽度为 24m，一般规划为两侧各 10m 的工作区域，中间留有 4m 的输送通道。这样的规划对目前多数钢筋加工设备是适用的，但也有少数设备在宽度方向超过 10m。如果引进这种设备就必须提前规划好车间的布局，仔细规划车间物流通道，要保证车间的生产和流转是顺畅的、安全的。

5. 按照设备自动化程度分类

大型自动化设备一般只需 1~2 名操作者，而小型半自动设备由于设备多、操作复杂、需多名操作者。按照这个原则来规划钢筋设备能将操作者有效的集中便于车间的管理。

6.3 钢筋加工布局图示例分析

【示例一】

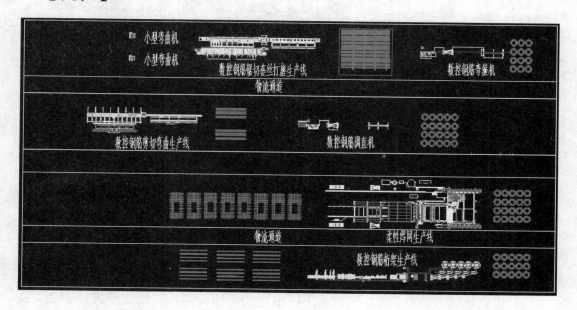

图 6-1　钢筋加工车间布局图一

图 6-1 是钢筋加工布局图，数控钢筋弯箍机和调直切断机都是采用盘条钢筋原材，

规划在相近区域。此布局图中的半自动焊网生产线和钢筋剪切生产线都是采用直条钢筋原材，规划在相近区域。并且调直切断机生产的直条钢筋可以直接提供给焊网生产线使用，实现了工序顺次相接。剪切生产线的成品区域以及网片储存区域全部靠近运输专用车，便于运输。在空间的运用，操作者空间的预留方面也是充分的。这张布局图的整体规划是较为合理的。

【示例二】

图 6-2 为钢筋加工车间布局图，不合理的地方较多。明显存在的问题有以下几点：

（1）原材料区域规划较为杂乱。图中柔性焊网生产线这种对原材用量较大的设备附近并没有规划原材存放区，这将势必造成更换盘条困难。钢筋桁架生产线并不使用直条原材，在该生产线放线架的东侧却规划了直条存放区域。

（2）成品钢筋规划不够集中。数控钢筋弯箍机和数控弯曲中心都是生产箍筋的设备，图中两个区域距离较远，成品无法集中运输。并且成品桁架储存区域和矫直切断钢筋成品区域均处在 2.5m 通道附近不利于车间的流畅运转。

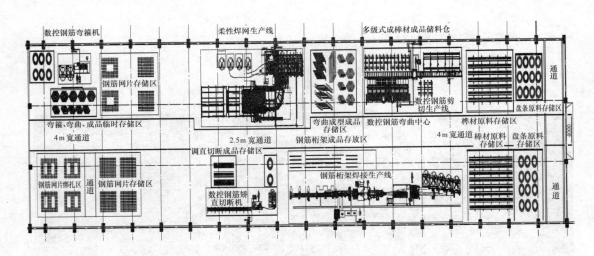

图 6-2　钢筋加工车间布局图二

（3）使用同类型原材的设备不够集中，造成原材较为分散。应该将数控钢筋弯箍机、桁架生产线、柔性焊网生产线等使用盘条原材的设备整体进行规划，共用一个原材区域，这样会更便于原材的运输和取用。

（4）道路规划有缺点。图中可以看出所引进的柔性焊网生产线宽度超过 10m，迫使局部通道规划为 2.5m 宽度。这种设备过大的情况较少，遇到此种情况也应尽量设置缓冲地带，由 4m 逐渐过渡到 2.5m，避免图中的突然变为 2.5m 宽度，或保证通道 4m 宽度绕行规划。否则类似图中这种情况大型车辆通过 2.5m 路段较为困难，也存在安全隐患。

　　车间的布局与规划是灵活多变的，设备不同、产品不同、生产效率等因素都会影响到布局的变化。合理的布局完全能够提高生产效率，降低工人劳动强度。但并没有一成不变的规划方式，随着行业的发展和设备的进步，布局的合理性也将逐步改变。

第7章 数控钢筋加工对工程造价的影响

数控钢筋加工设备，已被欧洲、美洲、大洋洲等地广泛使用。随着我国经济的发展和建筑工业水平的提高，使用数控钢筋加工设备也是建筑业发展的必然趋势。采用数控钢筋加工设备不仅能够节省钢筋绑扎的人工成本，更能达到设计要求的质量和减少因人工操作产生的漏洞。数控钢筋加工设备能完全满足预制混凝土构件对钢筋强度、产量、设计上的要求。与此同时，使用数控钢筋加工设备还能够减少单位时间上的成本，提高生产效率。相比传统施工方法，数控钢筋加工设备通过科学的计算和高精度的操作能够有效地减少原材料的浪费从而进一步减少生产成本。在美国、澳大利亚等人工成本高昂的发达国家，使用数控钢筋加工设备能够有效降低企业对工人技术的要求以及工人数量。在我国，随着人工成本的日益上涨，企业对数控钢筋加工设备的需求也在不断增加。

7.1 数控钢筋加工设备对桥梁工程造价的影响

在桥梁施工中，钢筋笼的加工是基础建设的重要环节。在过去传统的施工中，钢筋笼采用手工轧制或手工焊接的方式，除了效率低下外，最主要的缺点是制作的钢筋笼质量差，尺寸不规范，影响到工程建设的工期与质量。钢筋笼加工主要包括钢筋的剪切、矫直、强化冷拉延伸、弯曲成型、滚焊成型、钢筋的连接、焊接钢筋网等。数控钢筋笼自动滚焊机是将这些设备有机地结合在一起，使得钢筋笼的加工基本上实现机械化和自动化，减少了各个环节间的工艺时间和配合偏差，大大提高了钢筋笼成型的质量和效率，为钢筋笼的集中制作、统一配送奠定了良好的技术和物质基础。同时，数控钢筋笼自动滚焊机的使用将大大地减轻操作人员的劳动强度，为施工单位创造良好的经济效益和社会效益。数控钢筋笼自动滚焊机在工程中的应用及造价分析。

1. 人员配置：

正常情况下，5～6人一班，即可作业。具体分配如下：

备料、上料：2人；

滚焊：1～2人；

内箍圈（加强箍圈）：2人；

具体人数要根据钢筋笼的规格型号进行增减。

2. 生产效率：

1000m 桩笼子：二班作业，一天可加工 300～400m/台；

1250m 桩笼子：二班作业，一天可加工 300～400m/台；

1500m 桩笼子：二班作业，一天可加工 300～400m/台（约 20t）。

钢筋笼的成型效率与钢筋笼的主筋数量、直径、绕筋的螺距、工人的操作熟练程度等有关。焊接一个 12m 的钢筋笼，一般上下料等辅助时间为 15～20min，正常焊接时间为 18～25min（间距 120），所以综合时间为 30～45min，操作熟练后，可大大提高其速度（一般一个直径为 1.5m 的 12m 长钢筋笼的重量约为 800kg）。

1. 采用数控钢筋笼滚焊机生产钢筋笼

（1）钢筋笼加工基本成本组成

电费：15～20 元/t（不使用对焊机时，15～16 元/t，如果使用对焊机，成本增加 5～7 元）；

焊丝、焊条及 CO_2 气体：20～30 元/t。

（2）人工成本

按 10 人每天 20t 计算，10 人工资按 1500 元计，75 元/t。

（3）综合成本

20＋25＋75＝120 元/t。

（4）每吨毛利润

按每吨加工费 500 元计算，毛利润为 380 元/t。

（5）每月毛利润

按一台设备每天生产 20t 计算，每月（按 25 天计算）的毛利润为 25×20×380＝190000 元/月。

2. 采用传统人工的方式生产钢筋笼

如果采用全人工的方式，每天焊接 20t 的钢筋笼，至少需要投入 40 个人工，比用数控钢筋笼自动滚焊机多出 30 个人工，每天多支出 30×150＝4500 元，每月按 25 天计算，需多支出 11.25 万元。

综上可以看出，采用数控钢筋笼自动滚焊机前期购买设备投入可能较高，但从长期的收益来看优势是明显的。并且工人少更加便于管理，减少了住宿、吃饭、安全等问题。随着时间的推移，人工工资将会越来越高，因此，采用钢筋笼成型机可大量节约人工成本。

7.2 自动焊接钢筋网与人工绑扎网在工程中应用及造价分析

焊接网在欧洲已有 70 多年历史。德国在 1923 年制定了焊接网标准，最初使用的材料是普通的热轧圆钢，后改用冷拔光面钢筋。1968 年德国研制成冷轧带肋钢筋，从此，冷轧带肋钢筋作为制作焊接网的主要材料。焊接钢筋网直径为 4～12mm，抗拉强度一般为 550N/mm^2，德国冷轧带肋钢筋及焊接网的产品标准及焊接设计规定对欧洲焊接网的发展和应用具有较大影响。数控钢筋加工设备生产的焊接网，生产过程经严格的质量控制，其钢筋规格、间距等质量要求可得到有效控制。焊接网刚度大、弹性好、焊点强度高、抗剪性能好，且成型后网片不易变形，荷载可均匀分布于整个混凝土结构上，再辅以铁马、垫块能有效抵抗施工的踩踏变形的影响，容易保证钢筋的位置和混凝土保护层的厚度，有效保证钢筋的到位率。在专人指导下，施工人员铺装焊接网一次后就可全面掌握焊接网的施工工艺，简化了施工程序，降低了劳动强度，省去了现场钢筋调直、裁剪、逐条摆放以及绑扎等诸多环节，将原来的现场制作的全部工序及 90％以上的绑扎成型工序全部进行了工厂化生产，大大缩短了工程的施工周期。

7.2.1 钢筋焊接网和人工绑扎钢筋材料用量计算和比较

钢筋用量计算原则：

（1）普通绑扎钢筋按图纸配筋抽筋计算

冷轧带肋钢筋焊接网（简称焊接网）的用量，原设计为普通绑扎钢筋配筋，则普通绑扎钢筋的强度设计值与冷轧带肋钢筋的强度设计值之比值等强度换算之后进行焊接网布置和计算其钢材用量；原设计为钢筋网时，则按照图纸中焊接网的配筋进行焊接网布置并计算其用量；原设计为冷轧带肋钢筋（非网片）时，根据设计方的图纸中钢筋的配筋，厂家再进行分块布置成网片并计算其钢材用量。

（2）钢材用量对比

以某个工程七～十二层配筋图的 16～26 轴（结施 35）（未考虑筒体配筋外挑阳台）的用量为例。

1）配筋换算：原设计楼板为 I 级钢配筋，换算为冷轧带肋钢筋网，采用的钢筋强度设计值为：I 级钢为 210N/mm^2，冷轧带肋钢筋为 360N/mm^2。配筋换算如表 7-1。

2）计算条件如表 7-2 所示。

3）钢筋用量如表 7-3、表 7-4 所示。

I 级钢（原设计）	冷轧带肋钢筋焊接网	强度比（I 级钢/冷轧）
12@200	10.5@180	0.9888
12@150	10.5@130	1.03
10@120	8.5@160	1.05
10@150	8.5@180	1.03
8@150	7@200	0.984
8@200	5.5@160	1.01
6@200	5.56@250	1.15
6@150	5.5@200	1.08

用量计算条件 表 7-2

序号	冷轧带肋钢筋焊接网	I 级钢（原设计）
1	不设弯钩	设弯钩
2	底筋入梁：伸入梁中，加 25～50mm；梁若宽大于等于 300mm，取 150mm	底筋入梁：原则同冷轧带肋钢筋混凝土，端部需弯钩
3	面筋入梁：锚固长度 25d	面筋入梁：锚固长度 36d 另加板内直钩，钩长＝板厚

商住楼钢筋用量 表 7-3

序号	项目及单位	I 级钢（原设计）	冷轧带肋钢筋焊接网	用量比例（冷轧/I 级钢）
1	底网(kg)	3829.42	2509.78	0.655
2	面网(kg)	4379.45	2909.29	0.664
3	合计(kg)	8208.87	5419.07	0.660
4	每平方米用钢量（kg/m²）	11.88	7.84	0.660

以上工程的焊接网用量与普通绑扎钢筋用量之比值具有一定的代表性，后续的工程实践计算也证实了上述结论，即采用焊接钢筋网比普通绑扎钢筋网是节省钢材用量的。

（3）综合价格计算（表7-5）

厂房钢筋用量　　　　　　　　　　　　　　　　　　　表 7-4

序号	项目名称	结构部位	I 级钢（原设计）(kg)	冷轧带肋钢筋焊接网(kg)	用量比例
1	高职学院实训工厂	2 层 11～13 轴，A～E 轴	3408	2143	0.6288
2	荷坳百达五金塑胶厂	5 号厂房五层 G～L 轴	9419	6308	0.6694
3	松岗喜塑胶五金制品厂	A/C～1/10 轴	10221	6591	0.6648
4	凤凰岗村工业厂房	2 层	10284	6573	0.6391
5	观澜勇勤工业厂房	1 号厂房 2 层	14382	10230	0.6897
6	平均	厂房			0.6497

综合价格计算　　　　　　　　　　　　　　　　　　　表 7-5

项目编号				4-223	4-226B1
项目	代号	单位	单价(元)	普通绑扎钢筋	冷轧带肋钢筋网安装
深圳市综合价格	G001	元		4006.33	4741.66
其中	人工费	元		590.0	176.40
	材料费	元		2687.20	4046.00
	机械费	元		69.92	
	费用	元		659.21	519.26
工日	人工	A0002	工日	40	14.750	4.410
材料	钢筋（普通绑扎）	B1001	t	2600	1.020	
	钢筋（焊接网片）	B1011	t	4000		1.010
	镀锌铁丝 22#	B1363	kg	5.20	8.800	1.500
	电焊条	B1330	kg	6.00		
机械台班	卷扬机单筒慢速 5t 以内		台班	164.41	0.320	
	钢筋切断机 40 以内		台班	53.01	0.120	
	钢筋弯曲机 40 以内		台班	30.41	0.360	
	钢筋调直机 14 以内		台班	46.63		
	直流电焊机 30kW 以内		台班	203.25		
	对焊机 75kVA		台班	233.05		

（4）示例（表7-6）

示例
表 7-6

项目	综合价格 （元/t）	标准层用钢量 （kg）	标准层造 价（元）	成本差额 （元）	用量比例 （冷轧/I级钢）	成本节 约比例
I级钢	4006.33	8208.87	33379.97	0		
焊接网	4741.66	5419.07	25695.39	−7684.58	0.660	23％

由以上对比不难看出，焊接网与传统人工绑扎网片相比在工程应用上的成本是大大减少的。而且在工程中的应用方面，钢筋焊接网的经济性仍然高于人工绑扎网片。

7.2.2 钢筋焊接网的经济性

（1）实用性：钢筋焊接网是一种高强度、高效益的混凝土配筋用建筑材料，是在工厂经自动化生产线设计所需纵向、横向的冷拔或冷轧高强度钢筋预先熔焊成的结构钢筋网，以代替现场的人工绑扎钢筋网。其广泛适用于钢筋混凝土结构的楼板、地板、剪力墙、道路路面、桥面铺装、预制构件等。

（2）节省钢筋用量：钢筋焊接网的线材是由低碳热轧线材经冷拔或冷轧加工而成，线材的抗拉强度可以提升到 550MPa 以上，因而钢筋用量可相应减少 20％左右。另外，由于是工厂内自动化生产线制作，钢筋损耗微乎其微。

（3）提高工程品质：钢筋焊接网是按照国际上通用的设计和工艺，由自动化生产线焊接而成。生产过程经过严格的品质管制，网目尺寸、钢筋规格要求可得到有效控制。不会有工地人员绑扎遗漏、绑扎不牢固、绑扎错误、偷工减料等情形发生，因而提高工程品质。

（4）提高生产效率：使用钢筋焊接网片可以省去现场钢筋调直、切断和人工绑扎的时间，利于后续混凝土施工等安排，缩短施工工期。

综上可以看出，数控钢筋加工设备无论是从设备自身的经济性，还是生产的产品经济性都是远超传统的人工生产方式。这也预示着数控钢筋加工设备的发展前景是广阔的，它将给钢筋加工工程乃至建筑工程带来巨大的经济效益，也会推动建筑工程的发展进程。

第 8 章 BIM 技术与智能化钢筋加工设备的对接

8.1 BIM 技术在钢筋加工行业的发展

钢筋加工是建筑工程施工过程中非常重要且复杂的工作，也是建筑质量的关键性工作，涉及工程造价、材料采购、施工计划、成本控制、质量管理、加工场地选择、安全生产管理、生态环境保护等方方面面。钢筋实现智能化加工，提高生产效率，提升产品质量是一直备受关注和不断持续改进的一个课题，是体现工程项目的现代化管理水平的重要方面之一。传统项目开工后，建筑商根据施工需求组织钢筋进场，材料进场后按型号、规格分类堆放，避免材料积压或钢筋锈蚀。并对已检验合格的钢筋进行标示，以免材料混用。接下来，项目部选派具有多年钢筋放样经验的工程师，全面负责钢筋的放样工作。依据结构施工图、规范并综合考虑各种节点的施工，确定弯曲调整值、弯钩增加长度、箍筋调整值等参数，保证下料长度准确。翻样形成书面成果后给项目有关的技术人员进行审核，经审核批准的翻样单才能给钢筋加工班组使用。浇筑混凝土之前，工人根据翻样单在工地现场将钢筋切割，并轧成"成型钢筋"，经验收合格方可进行钢筋绑扎施工。目前大多数项目采用的基本上还是上述工地现场加工方式，原材料浪费高、劳动强度大、加工周期长、现场管理难、加工成本高等问题突出。

为此我们利用 BIM 技术、云计算和移动互联网技术与智能化钢筋加工设备进行无缝对接，解决钢筋精准算量、精细翻样、优化下料、工厂生产、数据对接、信息管理等问题，提高生产效率、提升工程质量、降低材料浪费、减少人工投入。建筑业 BIM 浪潮势不可挡，BIM 技术在建筑的应用也越来越广泛。Revit 软件是基于 BIM 技术的一个极富代表性的建筑信息化软件。随着我国业内对 BIM 理念的不断深入，而 Revit 也跟随使用者的需求不断更新来适应更加复杂多变的 BIM 技术应用需求。Revit 独特的 API 接口，能够有效提升软件的应用能力，拥有更好的操作体验。钢筋在结构工程中是最重要的组成部分之一，其质量好坏直接影响结构工程的安全，软件在钢筋设计方面的优化也会直接影响建筑设计的效率。我们在建模过程中，发现许多异型钢筋、弯折锚固以及钢筋的保护层等无法通过系统 UI 进行方便的操作，通过二次开发中钢筋 API 的使用，可进行创建不同类型的钢筋等。

BIM 技术在智能化钢筋加工设备的应用中，将越来越突显其重要性，成为自动化生产的一个核心入口，解决好接口问题才能实现建筑钢筋产业的智能化发展。

8.2 BIM技术在钢筋加工行业的具体应用

8.2.1 BIM技术精细钢筋翻样

BIM钢筋翻样，它能够替代手工翻样出电子翻样料单。手工方式的弊端是显而易见的，如不能利用设计图电子文件，不能集成和共享各专业间的数据，交换和交流不方便，修改和汇总麻烦，易出错，不能进行电子文档保存等，已不能适应新的建筑业转型发展的形势需要。因此BIM翻样代替手工翻样已成必然。通过自动化结构数据导入图8-1、自适应规范要求设置、三维立体可视化建模完成各类构件的翻样计算，输出生产所需要的精细化翻样料单。BIM智能化钢筋精细化翻样把人们从烦琐的、重复的、枯燥的、不经济性的手工劳动中解脱出来，是人类智慧的延伸和扩展，是落后的手工生产方式的进化。BIM技术将深刻改变传统的工作方式，以人机交互的方式实现钢筋的自动计算。它遵循手工翻样的原理和思路，只是让低层次、机械性和重复性工作由BIM软件系统来完成。

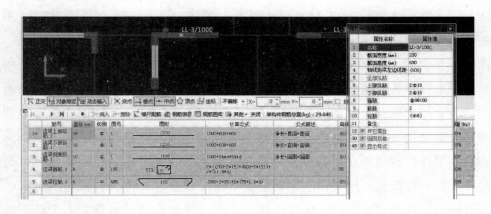

图8-1　BIM钢筋翻样界面

基于BIM技术的钢筋翻样的步骤：

（1）根据施工结构详图，在Revit软件中用预置的三维钢筋节点布置模块，形成三维钢筋并进行布置，包括：

1）根据图元创建与图元的信息、形状一致的三维结构钢筋；

2）根据预置的锚固计算规则，控制生成三维结构钢筋模型的主筋锚固长度；

3）通过人机交互方式判定三维结构钢筋的主筋定位，控制弯钩类型和弯钩方向；

4）混凝土结构三维结构钢筋布置；

5）根据用户选择的包含混凝土强度等级、建筑物使用年限、钢筋环境的参数信息，生成三维结构钢筋中主体的混凝土保护层数值，应用到三维结构钢筋的创建计算中；

6）在三维结构钢筋中，依据建筑规范检测钢筋与钢筋的碰撞、钢筋与其他预埋件的碰撞问题，根据碰撞检测的结果，调整、修改钢筋间距和位置。

（2）对确认的三维结构钢筋根据施工现场情况自由组合、拆分，将构件进行施工工序的编号，生成相应的施工工序流程模拟。

（3）将确认的三维结构钢筋转换输出为智能化钢筋加工设备能识别的数据，直接导入生产加工。

（4）依据该成品钢筋的二维码，结合钢筋施工工序流程模拟，利用移动设备在施工现场指导现场施工。

8.2.2　BIM 技术精确钢筋算量

BIM 钢筋算量与 BIM 钢筋翻样是相似的，BIM 翻样和 BIM 预算中建模法的操作方法大致相同，依据的规范、图集也是相同的，结果应该是相同的，仅计算口径和方法有所不同。简而言之，BIM 钢筋预算侧重于经济，要求钢筋数量的精确性和合规性；钢筋翻样偏重于技术，强调钢筋布置的规范性、可操作性和工艺的先进性。

BIM 钢筋精确算量是通过 Revit 建立钢筋模型如图 8-2 所示，根据规范及相关要求准确合理地设置各类属性，例如定尺长度的选取、弯曲调整值的设置，再设置建筑的楼层信息、与钢筋有关的各种参数信息、各种构件的钢筋计算规则、构造规则以及钢筋的接头类型等一系列参数，然后根据图纸建立轴网、布置构件、输入构件的几何属性和钢筋属性，BIM 软件会自动考虑构件之间的关联扣减，进行整体计算。经数据读取计算统计，可产生不同直径的钢筋用量，以及该直径具体材料数量明细表。从材料表可以得出，各类尺寸的钢筋的准确用量、所需根数、该型号钢筋占全部钢筋的比值。数量明细表已经详细列出所需钢筋的长度以及其数量情况等，这些内容都是后续钢筋优化下料需要用到的重要信息。

BIM 相关技术正在越来越多地应用到建设工程项目的各个阶段，在钢筋工程量计算方面，利用 BIM 建立成本的 5D（3D 实体、时间、工序）关系数据库，让实际成本数据及时进入 5D 关系数据库，成本汇总、统计、拆分对应瞬间可得。

基于 BIM 的实际成本核算方法，钢筋算量较传统方法具有极大优势，一是由于建立基于 BIM 的 5D 实际成本数据库，汇总分析能力大大加强，速度快，短周期成本分析不再困难，工作量小、效率高；二是 BIM 钢筋算量比传统方法准确性大为提高。因成本数据动态维护，准确性大为提高。消耗量方面仍会存在误差，但已能满足分析需

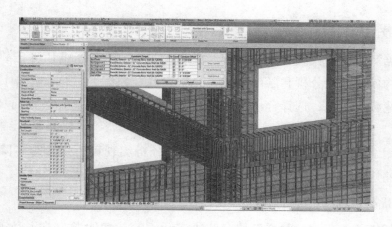

图 8-2 钢筋模型建立界面

求。通过总量统计的方法，消除累积误差，成本数据随进度进展准确度越来越高。通过实际成本 BIM 模型，很容易检查出钢筋工程还没有实际成本数据，监督各成本条线实时盘点，提供实际数据。另外，BIM 钢筋算量技术分析能力强，可以多维度（时间、空间、WBS）汇总分析更多种类、更多统计分析条件的成本报表。BIM 技术发挥着越来越重要的作用，对于准确控制钢筋工程造价具有极其重要的意义。

8.2.3　BIM 优化钢筋下料裁切

钢筋下料的准确与否，直接关系到钢筋用量计划表和钢筋下料单。由于工程的复杂多样性和工期紧迫性而影响施工进度，造成施工企业成本增加。因此钢筋下料必须遵循全面性、精确性、可操作性、合规性、适用性、指导性。

1. 影响钢筋下料的因素

（1）由于施工现场的情况比较复杂，下料需要考虑施工进度和施工流水段，考虑施工流水段之间的插筋和搭接，还需根据现场情况进行钢筋代换和配置；

（2）钢筋下料必须考虑钢筋的弯曲延伸率，钢筋弯曲后，弯曲处内皮收缩、外皮延伸、轴线长度不变。弯曲处形成圆弧，弯起后尺寸不大于下料尺寸，应考虑弯曲调整值；

（3）优化下料、优化断料、钢筋缩尺，下料时需要计算出每根钢筋的长度；

（4）根据施工工艺的要求，相应的构件需要做一些调整。如楼梯等构件需要插筋，柱在层高很高的情况下需要做一些调整；

（5）钢筋下料对计算精度要求高，钢筋的长短根数和形状都需要做到绝对的准确无误，否则将影响到施工工期和质量，浪费人工和材料；

（6）需要考虑接头的位置，接头不宜位于构件的最大弯矩处。

2. BIM 技术线性规划分析

（1）根据影响因素找到决策变量，宏观把握钢筋工程内容和 BIM 三维模型；

（2）对构件要细微分析和层面细化，分析设计对象综合数据，建立目标，考虑主要因素，构建数据模型；选择合适的优化方案；导入 BIM 系统，对钢筋具体计算和分类下料；

（3）利用 BIM 数据进行分析比较，并侧重分析实现可行性增量，降低废料的产生，节省钢筋用量。

3. BIM 优化数据与设备的对接

为了降低钢筋工程中的材料浪费，解决实际钢筋裁切问题，首先必须将裁切问题归纳成数学问题，即建立相关数学模型。举例来说用数根长度为 12m 的钢筋，欲裁切成 5m、4m 及 3m 长的棒料分别为 25 根、35 根及 60 根，如何裁切下料最省，废料最少。所谓如何下料最省是指把 12m 长的钢筋按三种长度作裁切，在满足不同料长的根数要求前提下，使钢筋废料最少。如图 8-3 所示利用 BIM 数据结合相关分析软件，进行模拟钢筋下料裁切，可得出若要将数根 12m 长的钢筋裁切成一定数量的三种尺寸的钢筋，有数种方法，且每种方案产生了废料情况不尽相同，我们可以在智能化钢筋设备上开发相应的算法模型，设定最优下料方案，将数据通过 I/O 接口导入智能化钢筋设备上，实现最优钢筋下料裁切。

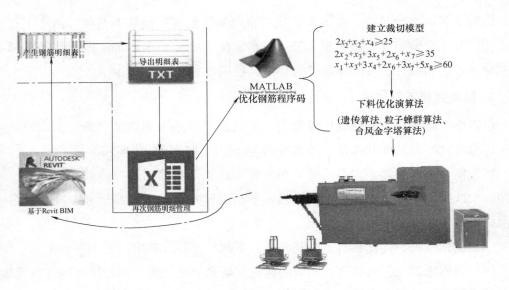

图 8-3　智能化下料过程

钢筋下料是非常重要的经济性工作，是降低施工材料的消耗，提高施工行业的产值利润率的一项重要内容。利用 BIM 技术线性规划方法优化钢筋下料对钢筋工程质量、结构安全以及成本控制起决定性作用，对降低工程造价具有深远意义。

8.2.4　BIM 云钢筋加工配送中心应用

传统的钢筋加工主要在施工现场进行，依靠人力来进行钢筋加工。这种加工方式具有机械化程度低、生产效率低、劳动强度大、材料和能源浪费高等缺点，在一定程度上制约了工程质量的提高。随着科技和施工技术的快速发展，智能化的 BIM 云钢筋加工配送中心具有广泛的应用前景。

BIM 云钢筋加工配送中心是利用 BIM 技术建设一个可以使多参与方协同工作的平台，服务于每条具体的钢筋加工生产线，从而提高整个钢筋加工生产线流程的效率。如图 8-4 所示，该 BIM 云钢筋加工配送中心框架可分为 4 部分，包括：数据采集单元、BIM 云平台、加工中心、终端智能化钢筋加工设备。客户将 BIM 模型上传到 BIM 云平台，提取数据，生成订单。通过移动互联网实现自动化下单、智能化生产、网络化物流配送、信息化全过程管控。

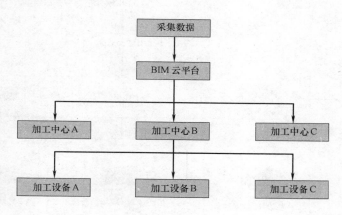

图 8-4　BIM 云钢筋加工配送中心框架

搭设该 BIM 云钢筋加工配送中心包含以下几个方面：数字化平台的搭建，智能制造，业务协同和供需对接等几个方面。

1. 数字化平台

数字化平台的搭建包括计划层和执行层，如图 8-5 所示。其中，计划层指的是企业资源规划层（Enterprise Resource Planning，ERP 层），其职能是以系统化的整体管理思路，搭建一个为钢筋加工公司全体员工及管理决策层服务的，能够提供监测、判断并决策的智能一体化管理平台，其具体内容包括对订单、绩效、资源、财务和采购等多个方面的管理。

执行层包括以下三个模块：产品生命周期管理模块（Product Lifecycle Management，PLM 模块）、制造执行系统模块（Manufacturing Execution System，MES 模块）和仓储管理系统模块（Warehouse Management System，WMS 模块）。具体来说，PLM 模块旨在钢筋的产品设计和技术准备环节中做好数据的管理工作；MES 模块在整个钢筋加工生产线中负责生产计划和现场监控等工作；WMS 模块对成品钢筋进行统一调配和周转，完成仓储物流工作，另外还可以搭建自动化的钢筋管理仓库，由存放钢筋货架、巷道式堆垛起重机、入（出）库钢筋工作台和自动化钢筋运进（出）及操作控制系统组成。

通过建立 BIM 模型，导入 BIM 云平台后，可应用该数字化平台（如图 8-5 所示）进行数据管理、生产准备、钢筋加工、成品的统一调配和周转等任务，通过智能化的分析平台，实现整个钢筋生产线的数字化设计、智能化生产以及智慧化物流。

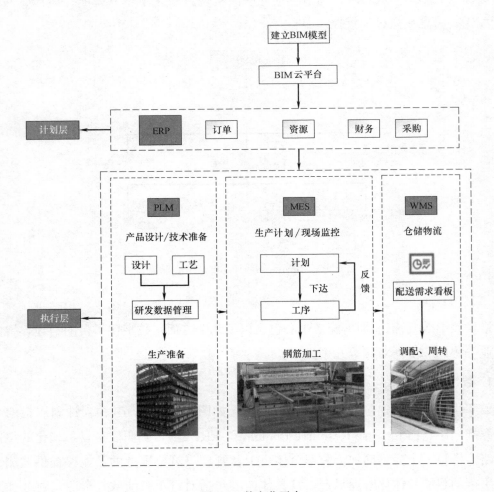

图 8-5　数字化平台

近年来，随着工业云概念的提出，物联网中心设计了整套智慧工厂工业云服务的方案来实现数字化平台。其中，云平台包括云存储、云计算和云服务三大部分，它支持 PB 级数据存储，将大量的物料信息、设备信息、生产信息、质量信息等存储在云平台，形成企业数据云和工业大数据云。用户通过该云平台的云计算功能，实现企业的智能采购、智能生产、智能质检、智能销售、智能仓储等功能。该智慧工厂工业云服务的系统架构如图 8-6 所示。

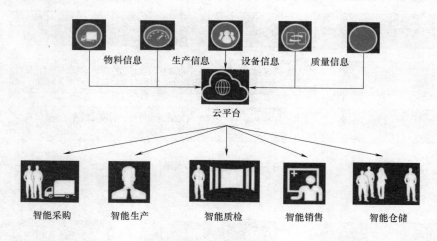

图 8-6　系统架构图

在集控的云视角里，云的发展必须经历三个阶段，即：硬件资源云—服务云—计算云，在制造业信息化领域的这三个阶段里，同时都会具备这三个应用层面，不同的是在各个阶段，关注和解决的重心也将由硬件资源到服务应用再到大数据计算分析。在演变的过程中，服务云包含以下几个功能模块：设备云、生产云、信息物理系统云（Cyber-Physical Systems，CPS 云）、质量云、物流云和供应链云。其中，每个模块的具体功能如图 8-7 所示。

智慧工厂工业云服务的云战略路径包括：①准备阶段的基础设施即服务云（Infrastructure as a Service，IAAS 云）；②起飞阶段的平台即服务云（Platform as a Service，PAAS 云）；③成熟阶段的软件即服务云（Software as a Service，SAAS 云）。当下，大多停留在 IAAS 云的基础硬件资源的市场应用，通过公共与混合云实现，从而降低客户的应用与维护成本，而支撑主要业务功能的 SAAS 的应用逻辑更趋扁平，真正提供完善的 PAAS 平台服务及 SAAS 的应用服务，在智造业领域有广阔发展空间。云战略路径如图 8-8 所示。

2. 智能制造

传统的钢筋加工方式主要依靠人力在施工现场进行加工，存在以下一些缺点：

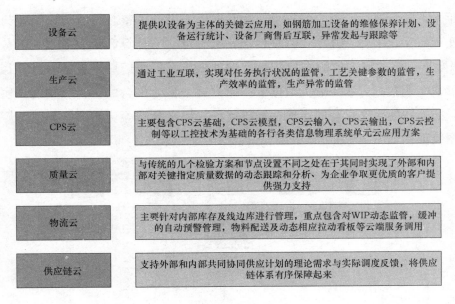

设备云	提供以设备为主体的关键云应用，如钢筋加工设备的维修保养计划、设备运行统计、设备厂商售后互联、异常发起与跟踪等
生产云	通过工业互联，实现对任务执行状况的监管，工艺关键参数的监管，生产效率的监管，生产异常的监管
CPS云	主要包含CPS云基础，CPS云模型，CPS云输入，CPS云输出，CPS云控制等以工控技术为基础的各行各类信息物理系统单元云应用方案
质量云	与传统的几个检验方案和节点设置不同之处在于其同时实现了外部和内部对关键指定质量数据的动态跟踪和分析，为企业争取更优质的客户提供强力支持
物流云	主要针对内部库存及线边库进行管理，重点包含对WIP动态监管，缓冲的自动预警管理，物料配送及动态相应拉动看板等云端服务调用
供应链云	支持外部和内部共同协同供应计划的理论需求与实际调度反馈，将供应链体系有序保障起来

图 8-7　服务内容介绍图

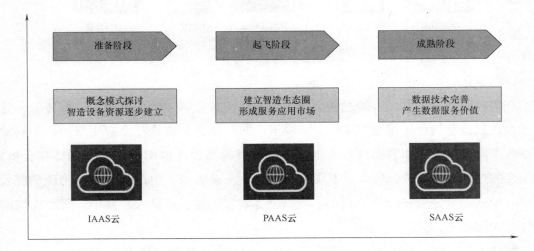

图 8-8　云战略路径图

①需要搭建临时钢筋加工棚，占用了部分施工用地；②室外环境多变，可能造成钢筋锈蚀，存在安全隐患；③现浇体系的钢筋施工需要在工地楼面现场进行，需要大量人力进行钢筋绑扎，工作效率低且成本高。为加速建筑产业转型升级，响应国家自动化、智能化制造的号召，利用 BIM 技术重建钢筋加工的生产流程，具有巨大的经济效益和现实意义。

　　项目部首先通过 BIM 系统建立项目的信息模型，将 BIM 模型上传到云计算平台，通过云平台进行钢筋算量、钢筋翻样、下料优化，完成一系列数据计算和信息整理后，系统自动形成一个钢筋二维码生产订单。这个二维码生产订单集成大量的数据信息，通过扫码可以了解该批次钢筋的项目信息、生产信息、配送信息等。根据项目的进度需要可通过互联网将订单发往附近的钢筋加工中心，智能化钢筋加工设备接收到生产订单后，自动安排生产，并进行自动分类打包，粘贴二维码或信息码。订单生产完成后，根据订单送货时间要求，通知物流中心配送。成品钢筋运抵施工现场后，相关人员进行验收，并依据该成品钢筋的二维码信息，结合钢筋施工工序流程模拟，利用移动设备在施工现场指导现场施工，大大提升了施工效率。

另外，在整个钢筋加工生产线中，还可部署钢筋的自动化切割单元，自动化下料单元，自动化上料单元，输送线、分拣单元等。智能制造环节的具体流程图如图 8-9 所示。

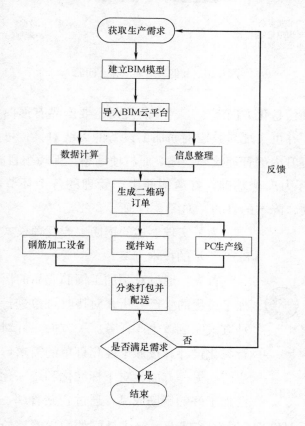

图 8-9 智能制造流程图

在智能制造环节存在以下几类问题：①计划不明确；②原材不节省；③进度不掌握；④责任难追踪；⑤管理效率低；⑥预警不及时。不同类型的问题所包含的具体内容如图 8-10 所示。

针对以上问题，一些公司采取了相应的策略。

（1）北京迈思科技发展有限责任公司（其前身为广联达企业钢筋管理事业部）

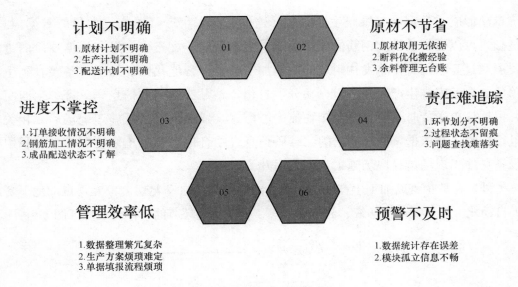

计划不明确
1. 原材计划不明确
2. 生产计划不明确
3. 配送计划不明确

01 02

原材不节省
1. 原材取用无依据
2. 断料优化搬经验
3. 余料管理无台账

进度不掌控
1. 订单接收情况不明确
2. 钢筋加工情况不明确
3. 成品配送状态不了解

03 04

责任难追踪
1. 环节划分不明确
2. 过程状态不留痕
3. 问题查找难落实

05 06

管理效率低
1. 数据整理繁冗复杂
2. 生产方案烦琐难定
3. 单据填报流程烦琐

预警不及时
1. 数据统计存在误差
2. 模块孤立信息不畅

图 8-10   智能智造环节存在问题

该公司专注钢筋信息化方向近十年。当前公司主要产品有面向钢筋集中加工服务的信息化管理平台，并可实现与数控钢筋加工设备的无线对接，可实时监控加工现场的生产管理数据，提升内部管理效率、提高原材使用率，保障项目施工进度。

以 PDCA 戴明环为理论基础，打通钢筋生产管理的各个环节，解决六大核心问题，达到增效、提质、降本的目的，如图 8-11 所示。

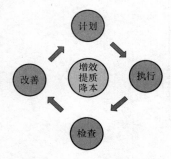

图 8-11   钢筋生产管理闭环

为了实现上述的钢筋生产管理模式，该公司采用如图 8-12 所示的技术方案。

首先，通过对预加工钢筋成品的形象展示和既有钢筋加工过程的生产分析，对接收订单进行分类和整理，有两种方式完成该生产任务。一方面，针对个性化订单，要进行深化设计，按照个性化订单的需求，完成钢筋的设计和生产；另一方面，对于标准化和统一化的订单需求，调用已加工好的钢筋成品，通过仓储管理，完成钢筋的调取和分配。最终都要在质量管理合格的基础上，完成最好的配送管理阶段，实现用户和企业对钢筋的需求。

其核心价值如下：

1）工业互联：可实现系统平台与数控钢筋加工设备连接；

2）节省原材：领先的优化组合算法，确保最高原材出材率及最少原材上料次数；

3）质量追溯：原材属性对接加工属性，半成品构件可完整溯源，具体流程是：原材进场验收→原材照单领用→设备照单生产→材料过程监测→车辆按需配送→成品到

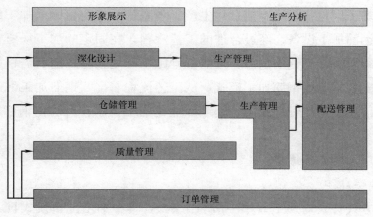

图 8-12　技术方案

场验收；

4）掌控进度：远程下单，全程监管，随时随地可以查看订单。北京迈思公司在智能制造过程中采取的钢筋管理平台如图 8-13 所示。

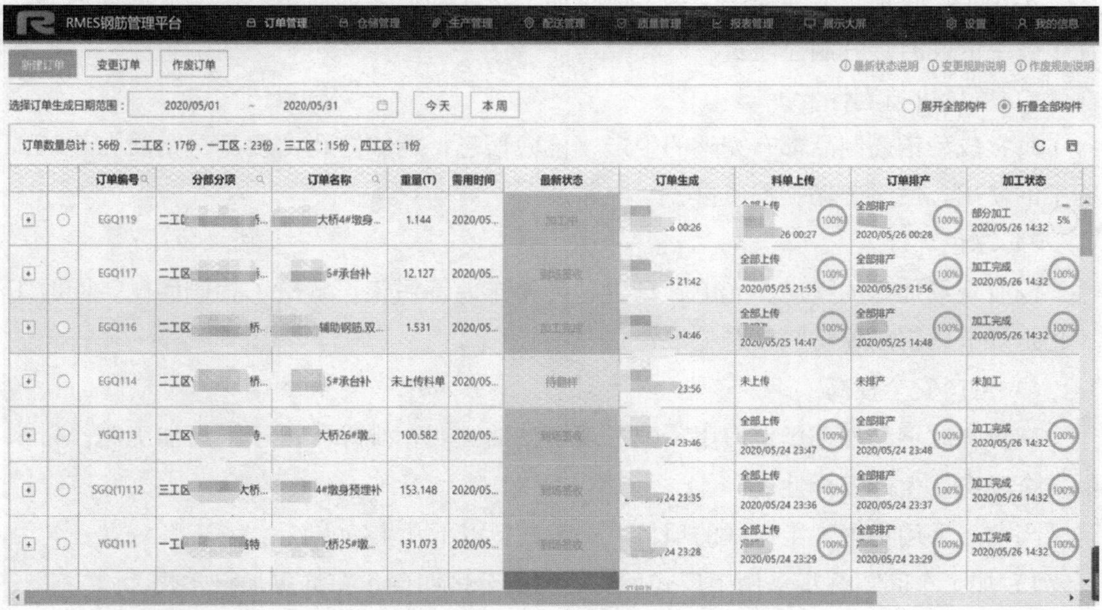

图 8-13　钢筋管理平台

（2）中铁四局杭州地铁某线钢筋集中加工厂

传统的钢筋加工采用粗放式、分散式的加工方式，使得资源浪费、劳动力浪费现象十分严重，随着全球化进程的加快，这种粗放式的现场加工形式受到极其严峻的考验。这些问题其中包括给现场施工管理带来不便、存在严重的安全隐患、资源浪费严重（含材料浪费，人力浪费等）、噪声污染、环境污染等。鉴于此，中铁四局杭州地铁某线钢筋集中加工厂是一个具有信息化生产管理系统的专业化钢筋加工组织，主要采用成套自动化钢筋加工设备，经过合理的工艺流程，在固定的加工场所对钢筋进行集中加工成为工程所需成型钢筋制品，按照工程施工计划，将工地所需钢筋配送供应给施工现场进行安装施工的钢筋加工模式。从工艺流程看出，钢筋加工配送是多项技术的融合，包含信息化生产管理技术、钢筋专业化加工技术、自动化钢筋加工设备、现代物流配送技术。

钢筋集中加工有如下优势：

1）加工效率高

传统加工方式日人均加工效率一般为 1～2t，集中加工配送模式日人均加工效率可达 6t 以上，可满足大规模工程建设中钢筋加工的需求。

2）信息化程度高

可对接建筑信息化管理系统，能够实时监控生产进度，便于组织协调管理。

3）加工自动化、智能化

采用工厂化加工方式便于先进工业化加工技术和设备的使用，保证成型钢筋制品加工效率的同时提升制品质量。

4）质量可追溯性

每批成型钢筋制品都有完整的生产、检验信息，能够防止"瘦身"钢筋在建筑工程中的使用，最终确保工程质量。

5）绿色环保

没有现场加工的噪声、光电、扬尘、废物排放等污染，解决了扰民问题，同时工厂化生产节约钢筋原材料，避免浪费。

6）生产安全性高

减少临时钢筋加工场地占用，施工现场整洁文明，排除了由于钢筋加工制作带来的安全隐患，生产安全性高。

当前，采用集中加工模式的项目，一般具备以下几个特点：

1）加工车间：逐步采用工厂式厂房，内部分区明确，布局更加科学化。

2）数控设备：数控设备的占比在逐步提升，极少数项目在尝试信息化系统。

3）钢筋用量：整体用量较多，可进行批量化的生产。

以 RMES 云平台为核心，以翻样端软件为基础数据来源，通过智能控制器，完成平台与数控加工设备的直接通信，借助料牌专业打印机及智能扫描枪等辅助设备，提升现场生产加工管理效率。

整个钢筋生产过程包括三个阶段：计划阶段、加工阶段和配送阶段。从现场施工水平、已有技术、物资储备、生产进度、质量监督、生产报表管理六个方面入手，综合分析具体钢筋生产订单的难易度和可行性。

1) 计划阶段：掌握施工进度后，对新增生产订单进行分类和整理，一方面，根据图纸对个性化钢筋进行深化设计，生产钢筋料单；另一方面，列出对应该生产订单的物料需用计划，指定采购计划后，将原材购买入库，在进行原材试验后作为生产原材料。通过两方面的途径后，经过相关部门料单审核，生成具体的生产方案，配送至不同的加工中心，进入下一阶段。

2) 加工阶段：按照分配好的具体生产任务，进行钢筋的加工，在加工至半成品后，要进行接头抽验和半成品质量检验，将合格的半成品进行绑扎等处理后列入成品行列，余料进行集中处理，完成钢筋加工任务。

3) 配送阶段：经过料牌绑扎后的成品钢筋，进行出场点验，如果满足质量要求，即可进行物流配送，最终到场验收后，交付使用。

钢筋集中加工配送中心的整体运营流程如图 8-14 所示。

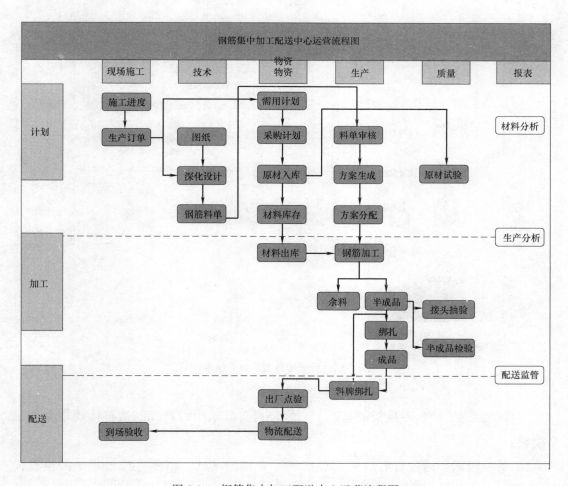

图 8-14　钢筋集中加工配送中心运营流程图

（3）数字化成都工厂

该工厂研发的每件钢筋产品，都有自己的数据信息。这些数据信息在研发、生产、物流的各个环节中被不断丰富，实时保存在一个数据平台中。而这座工厂的运行，是基于这些数据基础，从而实现 PLM（产品全生命周期管理系统）、NX（全三维参数字化设计和分析）、EPR（人财务）、MES（制造执行系统）、TIA（全集成自动化）及 WMS 供应链管理的无缝数据互联，造就出一幅透明的数字化工厂画面。该数字化工厂提出的基于智慧工厂总结的智能制造工厂参考模板如图 8-15 所示。

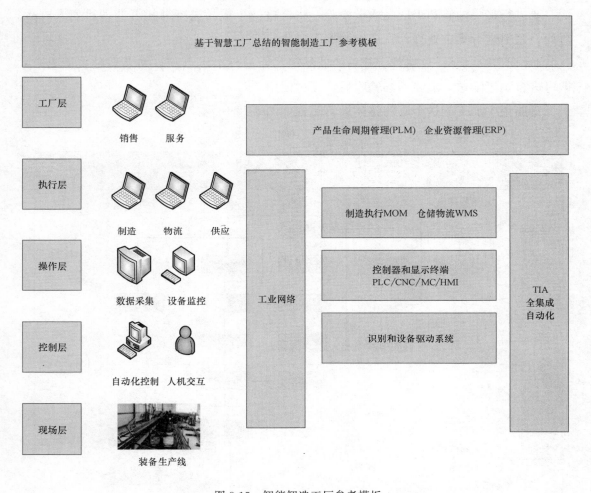

图 8-15　智能智造工厂参考模板

在智能制造工厂参考模板的基础上，该公司实际采用的智能制造整体规划分为三个阶段：

1）第一阶段：通过打好订单管理和质量管理的基础、抓住生产过程中的重点任务、提高生产效益，打造可视化工厂 2.0～2.5。

2）第二阶段：进一步通过力求可生产钢筋产品的全面性、发展新兴技术来促进创新、树立典范，建成数字化工厂 2.5～3.0。

3）第三阶段，最终通过完善钢筋生产整个流程中的不足，通过多个订单的集中数据分析，在标准化生产模式的基础上，结合个性化生产模式，极大地提升效益。

每个阶段信息化设计和自动化设计所打造的云平台和所采用的技术以及具体的功能模块如图 8-16 所示。

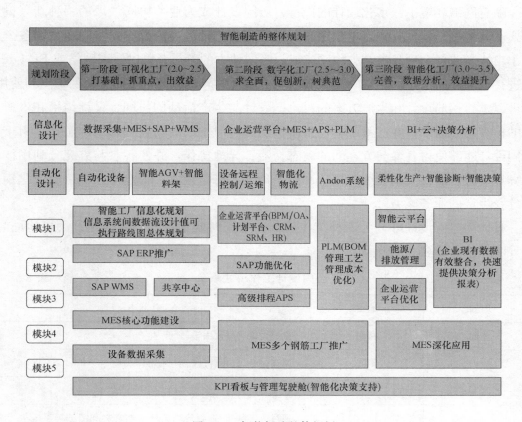

图 8-16　智能智造整体规划

3. 业务协同

BIM 设计模型作为主要的设计成果载体，包含设计相关信息，可传递性好，其原模型不仅在设计阶段能够进行相关优化升级，经过修改和完善后也能用于项目后续阶段，不需要二次建模，并且能够从跨学科、跨专业的角度开展多个领域的综合建模，从而完成各种类型模型的统一组装，真正实现业务协同。

通过发展并应用 BIM 一体化协同工作模式，各参与方可以在钢筋加工平台上共同建模、修改、共享信息、协同设计，还可以在设计阶段将钢筋的生产、施工、运维等环节进行前置参与，一旦出现设计方案与钢筋制造工厂、钢筋施工现场有冲突，能够在同一参数化、标准化的 BIM 信息模型上进行修改或完善，提前解决可能会出现的问题，达到钢筋的设计、智能制造和现场安装等多个环节的高效协调，实现"全员、全专业、全过程"的三全 BIM 信息化应用，大大提高整个钢筋加工生产线的效率。

另外，在 BIM 模型数据信息的基础上，项目各参与方能够将计划协同和进度管理相结合，当计划动态发生调整时，将钢筋的进度计划、生产计划和发货计划统一匹配并及时协调，避免不必要的损失。

随着网络环境下数字化设计的推行，协同设计成为业务协同领域的一种新兴设计方式。其特点是根据具体订单中钢筋的设计和生产任务，由分布在不同地方的各个设计小组成员或各个项目参与方协同完成。不同地方的参与者可以使用网络或 BIM 云平台进行钢筋产品信息的共享、交流和互换，实现对异地计算机辅助工具的访问和使用；还可以进行钢筋设计和生产方案的讨论、设计与生产活动的协同、设计结果和生产样品的检查与修改等；在此基础上，整体实现跨越时空的钢筋设计和生产工作。由于该协同设计能够使得各参与方之间的动态交流、异地协作，并使各参与方充分利用彼此的异地资源，能够大幅度缩短设计和生产周期，降低成本，提高个性化、专业化钢筋设计及生产的业务能力。

具体的协同设计可分为四种工作模式：①同时同地；②同时异地；③异地同时；④异时异地。如表 8-1 所示。

协同设计工作模式表单　　　　　　　　　　　　　表 8-1

时间	地点	工作状态
相同	相同	共同讨论、分析、决策、设计、生产
相同	不同	协作讨论、分析、设计、生产；群体决策
不同	相同	轮流分析、设计、生产
不同	不同	通过电子邮件、远程传输设计文档资料和图纸等手段进行分析、设计、生产

在业务协同领域，可以将钢筋从设计到交付使用的所有参与方看作一个大集体。这个集体既有个体特征也有群体特征，其中个体特征包括个体不同的专业知识、掌握技能、工作态度及个人性格等；群体特征包括个体间相互熟悉或合作办事的时间长短（即在多大程度上能够分享同样的习惯、期望和知识），以及使用何种过程和方式进行组织管理。个体和群体在大集体中的分工和操作正确与否都可能直接影响该钢筋生产业务的成败和效益，通过网络或 BIM 云平台，恰好提供了促进发挥个体和群体协同工作的平台。只有充分了解该集体的长处、弱点和潜力，才能正确指导钢筋生产任务圆满完成。

协同设计系统的构建需要考虑以下几个方面：设计任务的分解；设计成果的共享；设计冲突管理；访问控制，存储和传输安全；白板、论坛、应用共享和网络多媒体会议等交流工具。协同设计的具体框架如图 8-17 所示。

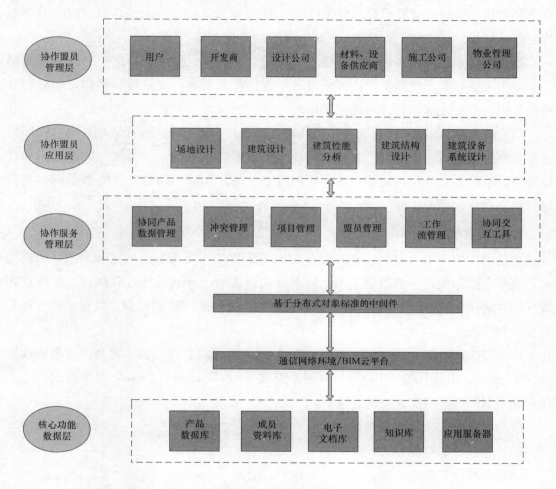

图 8-17　协同设计系统框架

协同设计的系统总体上分为以上四个管理层，包括：

（1）协作盟员管理层：主要职责是管理参加钢筋设计或生产的所有参与成员；

（2）协同工作应用层：包括场地设计、建筑概念设计和详细设计、建筑性能分析、建筑结构设计、建筑设备系统设计等；

（3）协同服务管理层：作为工作应用层与服务层之间的中介，提供协同产品数据管理、项目管理和协同交互工具等；

（4）核心功能数据层：提供分布式数据库、数据通信、网络互连以及应用服务等功能和协议，在物理上由计算机网络、公共数据库服务器、应用服务器等组成。

在业务协同领域，可以采用以下两种关键技术：

（1）共享工作空间，指的是某批次钢筋从设计到生产到交付使用整个过程的各参与方不离开自己的工作地点，通过计算机显示的工作界面的远程共享或 BIM 云平台来交流和协作，这一类计算机显示的工作区或 BIM 平台上的显示的工作区，成为共享工作空间。

通过该技术，可以实现两种功能：一是联合浏览项目信息，即把一个信息复制到一个或多个远程显示终端上，让该项目的所有协作者看到；二是远程操作，即对联合浏览的内容进行注解、修改，远程操作。

（2）产品数据管理（Product Data Management，PDM），指的是对某项目钢筋信息的共享数据进行统一的规范管理，保证全局数据的一致性，提供统一的数据库和友好界面，使得多功能小组能够在统一的环境下工作，保证不同参与方能够对同一项目进行识别和修改等操作。

4. 供需对接

钢筋加工生产中心及钢筋仓库设备数据的采集工作使用有线网络和 RFID 识别技术，能够完成相关设备的识别工作，从而做到钢筋生产计划的接收和执行、生产过程数据的自动化/半自动化采集、生产物料、工牌、设备的编排和识别，以及生产过程数据统计和分析。

RFID（Radio Frequency Identification）是一种无线射频设别系统，该系统由读取器（Reader）、电子标签（Tag）与应用系统端（Application System）组合而成。

利用 RFID 识别技术的优点包括：

（1）具备一次大量读取特性；

（2）标签资料存储量大；

（3）资料读取正确性高，具有重复读/写操作；

（4）具有远距离读取优势（UHF 频段）；

（5）资料记忆量大；

（6）寿命长、使用便利性高。

该 RFID 技术的原理主要是透过无线通信技术将电子标签（Tag）内芯片中的数字信息，以非接触的通信方式传送到读取器（Reader）中，读取器读取、辨识电子标签信息后，即可作为后端应用系统进一步处理、运用。通过读取器，可以实现电子标签和应用系统的双向识别和使用，其工作原理示意图如图 8-18 所示。

此外，可利用 BIM 模型信息自动分析钢筋生产的物料所需量，从而通过对比钢筋的库存量及需求量，确定需要新增的采购量，自动化生成钢筋采购报表。同时，在钢筋加工生产过程中，实时记录物料消耗、关联钢筋的排产信息及库存量，依据供应商

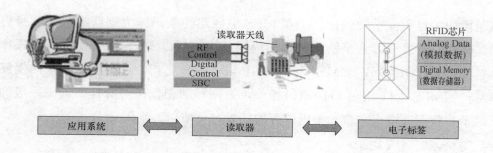

图 8-18　工作原理图

数据库自动下单供应商。还可通过搭建准时制生产方式（Just In Time，简称 JIT）和按需生产方式（Just In Sequence，简称 JIS），根据 BIM 云平台所需的钢筋量进行分配，让钢筋加工中心根据需求对库存进行管理，达到无库存或库存量最小的状态，避免囤积和浪费。

　　针对供需对接，成都数字化工厂提出了物料管理的阶段为：标签打印→物料需求→物料加载→物料跟踪。现分述如下：

（1）标签打印（图 8-19）

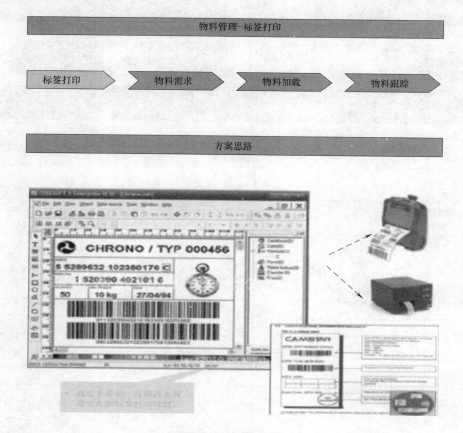

图 8-19　标签打印

该阶段的关键实施手段包括：①在 MES 中创建的条码作为钢筋唯一的"身份证号"跟踪整个制造过程，直至物料的生命周期结束，所以 MES 系统要求所有入库的相关物料都必须打印条码；②MES 可与 ERP 或 WMS 交互，获得已打印条码钢筋的批次信息；③MES 支持 PDA 打印条码操作，方便移动操作；④所打印条码一般为一维码（对于非联网环境也需获知条码内容的场景，可使用二维码）。

（2）物料需求（图 8-20）

在 MES 中，由于工单生产，可能会产生缺料或补增状况，从而需要对物料通过系统直接叫料到缓冲仓，通过缓冲仓发料到工单中。叫料方式分为以下三种：①工单叫料：工单以任务形式下发后，即可在 MES 中执行叫料操作，仓库将工单所需钢筋配送到现场；②缺料叫料：当物料缺料时，按设定的下限，触发叫料需求至仓库，仓库所配送物流可直接上料到装配线；③增料叫料：由于消耗过大，或维修等问题，通过手工录入增补数量，直接叫料到工位或装配线。

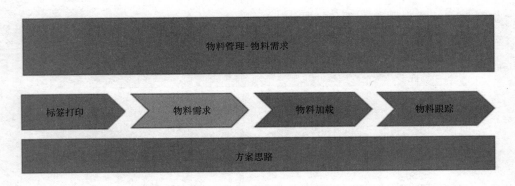

钢筋算量单										
工程名称					结构部位					
工程编号					交货时间					
序号	钢筋牌号	钢筋规格	间距	形状简图及尺寸	下料长度(mm)	单构件根数	构件总数	总根数	重量(kg)	备注

图 8-20　物料需求

（3）物料加载（图 8-21）

物流加载是指将钢筋上料到设备，物流加载需主要实现以下功能：①钢筋批次记录：记录钢筋原始供应商及钢筋批次号，利用此功能，可实现作业及质量追溯；②钢筋上料防错：可根据 BOM 预先定义内容及钢筋检验结果，确定所加载钢筋是否达标，对于不符合要求的钢筋可由相关权限人员解锁，但 MES 会记录这个过程；③线边库存转移：更新钢筋线边仓库存，对于某些通用件在装配完成时根据 BOM（Bill of Material，即物料清单）系统自动扣数，更新线边库存。

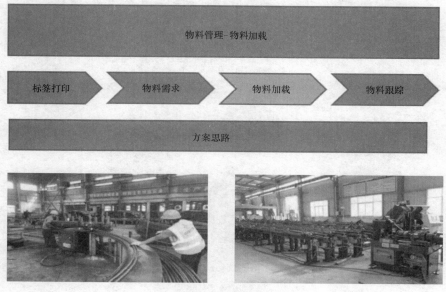

钢筋加工下料计算单

编号	直径	钢筋形状尺寸	下料长度 (mm)	单件根数	件数	总根数
1	12		350	2	1	2
2	12		260	1	1	1
3	8		350	2	1	2
4	8		600	1	1	1

图 8-21　物料加载

（4）物料跟踪

如图 8-22 所示，该阶段主要通过成品 BOM、半成品 BOM 和工单 BOM 的分析，利用物料领用、物料退回、物料转仓、物料分批、物料合批等手段，完成物料的标签打印和条码打印，并记录不良物料的信息。

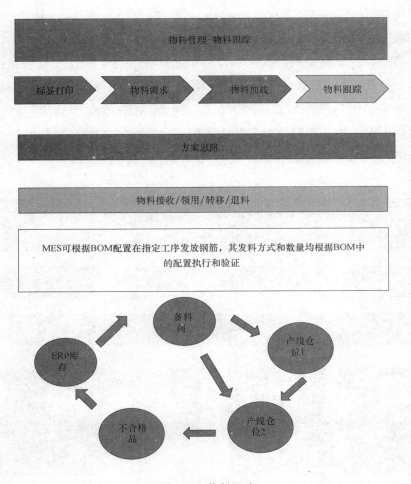

图 8-22 物料跟踪

8.2.5 BIM 数据与数控钢筋加工设备的对接

随着国家基础设施建设脚步的加快，越来越多的用户要求钢筋加工行业装备工艺自动化、人员水平专业化、生产管理信息化、质量控制标准化、加工配送产业化，从而提高生产效率，降低施工成本。基于此，我们的钢筋加工设备也不断升级与完善，最具代表性的技术应用包括二维码技术及无线云端通信技术。

1. 通过二维码技术进行数据传输

通过 BIM 系统分类生成二维码生产订单，即给钢筋绑定了含有二维码图像的任务单料牌，然后智能化钢筋加工设备通过自身扫码枪完成生产订单的数据录入，并启动自动化生产，此二维码在后面的钢筋入库、配送等环节中同样可被识别，从而提高了生产效率，降低钢筋生产各个环节的出错率（图 8-23）。

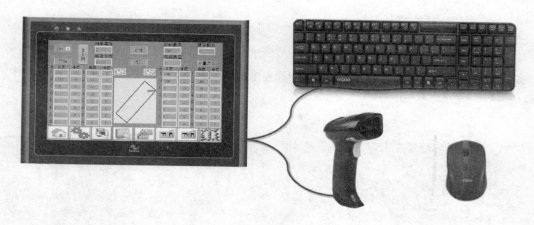

图 8-23 扫码连接设备

2. 通过无线云端通信技术进行数据交换

高端智能化钢筋加工设备自带有 GPRS 或 Wi-Fi 无线中继模块，无线中继模块通过 RS485、RS232 或者 CAN 接口和设备控制器连接进行数据传输，完成钢筋加工所需的长度、角度、数量等值的转换，通过 GPRS 网络与远程 BIM 服务器进行数据交换，获得钢筋加工所需的各种参数数据，并提供前一批次钢筋加工的完成情况与设备当前的运行状态，用户通过访问服务器可获得钢筋加工的进度与设备运行情况（图 8-24）。

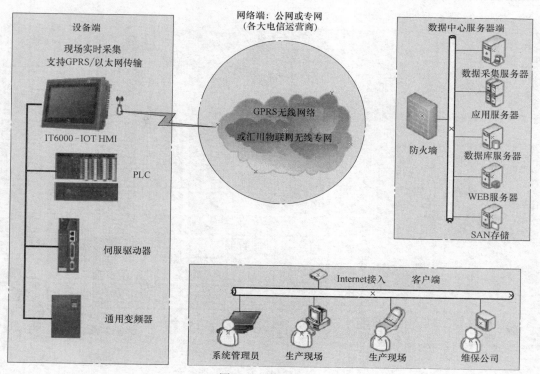

图 8-24 数据交换

3. 智能加工设备对数据的处理

智能加工设备通过扫描二维码或者无线通信访问 BIM 服务的方式获取加工参数，绘制出所需钢筋的加工图形，并将参数存储在 PLC 控制器中，然后执行定量加工生产（图 8-25）。

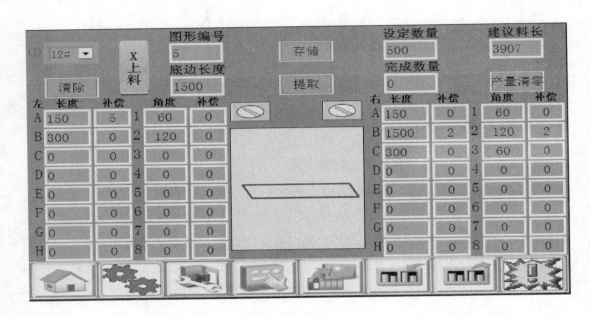

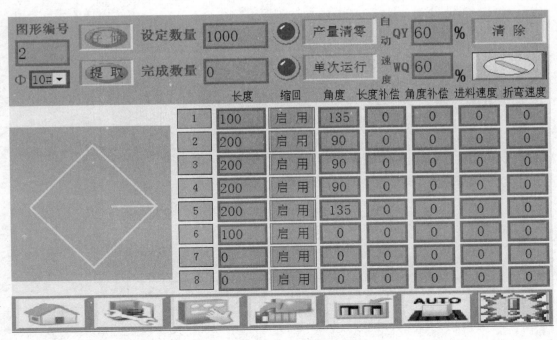

图 8-25　智能化设备数据处理界面

BIM 技术的应用是建筑钢筋工程管理领域的重大革新，其实现了钢筋工程管理的数字化和程序化，从而有效实现资源的最大化利用。BIM 技术与智能化钢筋加工设备的对接应用，极大弱化了人力成本，并解决了钢筋工程的质量问题和管理困惑。建筑产业智能化、工业化、自动化是行业发展、创新融合和科技进步的必由之路，是建筑产业转型的重要发展方向和突破口。

4. 柔性焊网生产线 BIM 数据传输加工应用简介

（1）首先把软件放到桌面上，它是一个 .exe 格式的文件，支持 Win7 32 位和 64 位系统，点击安装，桌面上会生成一个快捷方式图标（图 8-26）。

图 8-26　BIM 数据传输加工处理界面

（2）点击软件图标打开软件，打开后界面如图 8-27 所示。

图 8-27　软件操作界面

155

1) 文件夹图标功能为导入图纸，打开会弹出如图 8-28 对话框。

图 8-28　导入图纸

2) #号图标功能为设定钢筋网片加工数量，打开会弹出设置窗口见图 8-29。

图 8-29　设置窗口

3）![向下红箭头]向下红箭头功能为网片数据下载按钮，单击实现数据下载。

4）![上下左右箭头]上下左右箭头为调整视图，可达到最佳视图（图 8-30）。

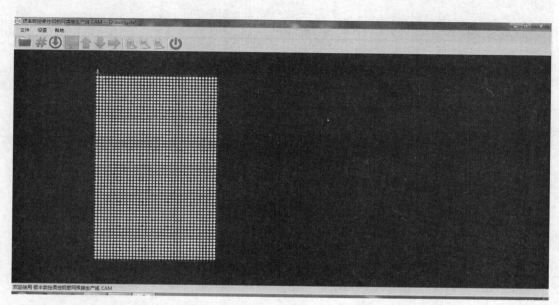

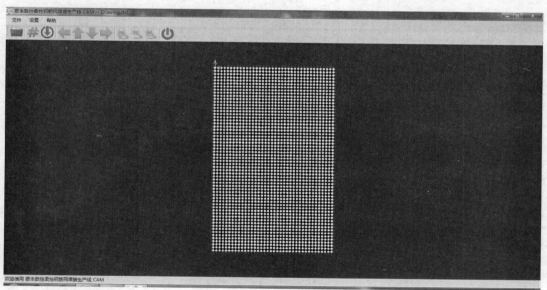

图 8-30　调整视图

5）![放大镜]放大镜缩放功能为缩放图形，便于密集网孔校对漏点（图 8-31）。

6）![退出]功能为退出。

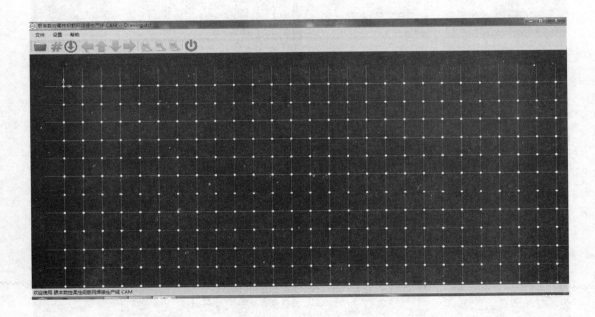

图 8-31　缩放图形

7）白色亮点为横纵筋交点，即需要焊接的点。

8）此绘图软件无需标注长度，间距，焊点，只需要按 1：1 分图层绘图即可自动
识别。

（3）首次使用要点击"设置"菜单栏，点击"设备参数"，设置 CAD 或 CAXA 绘图使用的两个图层名称，标准设置"横筋/纵筋"（图 8-32）。

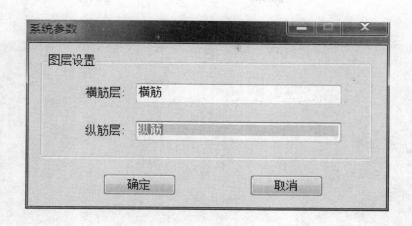

图 8-32　图层设置

（4）设完图层，打开 CAD 或 CAXA 等绘图软件，新建"横筋"图层、"纵筋"图层，在横筋图层中 1∶1 画横筋线和线间距，1 代表 1mm，同理在纵筋层画纵筋线和间距（本次所用 CAXA2015）。

横筋/纵筋：

1）纵筋间距不一样的网片（图 8-33）

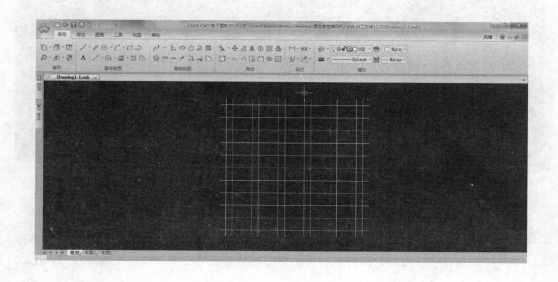

图 8-33　纵筋间距不一样的网片

2）密集型网孔（图 8-34）

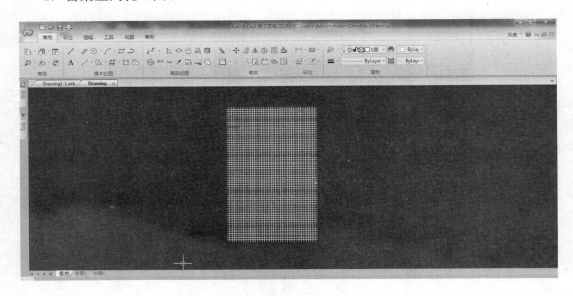

图 8-34　密集型网孔

3）单开口网（图 8-35）

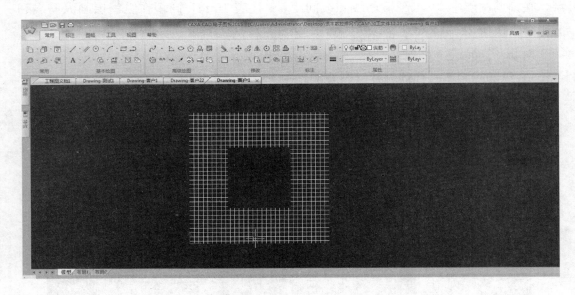

图 8-35　单开口网

4）双开口网（图 8-36）

（5）绘图完毕先保存，单张图保存。然后另存为尾缀为 .dxf 的文件，保存类型为 Auto CAD 2004 DXF（＊.dxf）（图 8-37）。

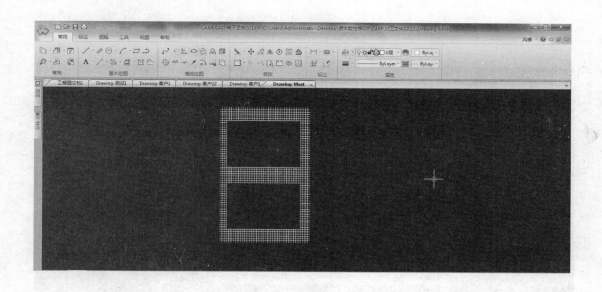

图 8-36 双开口网

图 8-37 保存文件

（6）回到 CAM 软件，点击左上角 ，依次找到刚刚保存的 .dxf 文件，选中、打开（图 8-38）。

图 8-38　打开之前保存的文件

（7）打开完成，显示如图 8-39 所示，如无显示则为图层设置问题。

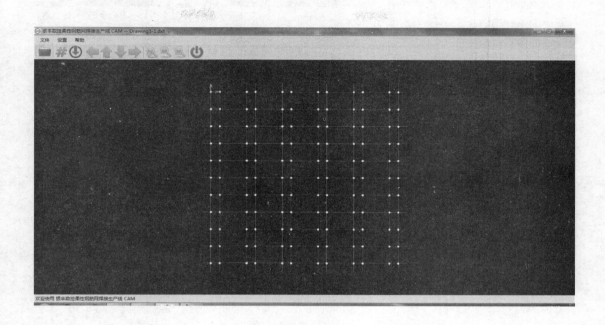

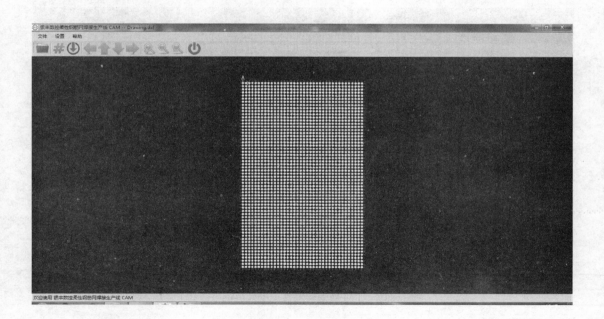

图 8-39　BIM 数据传输加工处理界面（一）

图 8-39　BIM 数据传输加工处理界面（二）

　　点击左上角下载按钮，显示正在下载网片数据，正常下载完毕后，文字消失（图 8-40）。

164

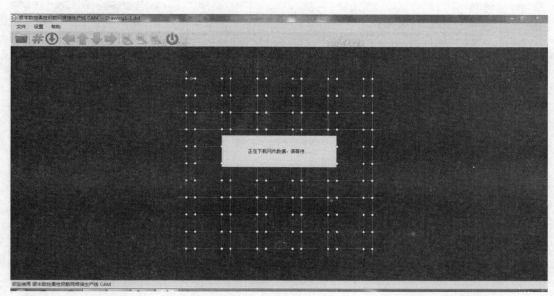

图 8-40　下载网片数据

如果下载失败，则会提示网络连接失败，请检查工控机与 PLC 之间的网线（图 8-41）。

（8）下载完成后，回到之前电控操作说明里继续进行生产即可，注意触摸屏选择非标准网时，钢筋参数来源为 CAM 软件。CAM 网参数既可以是标准图形的，也可以是开口网图形的。

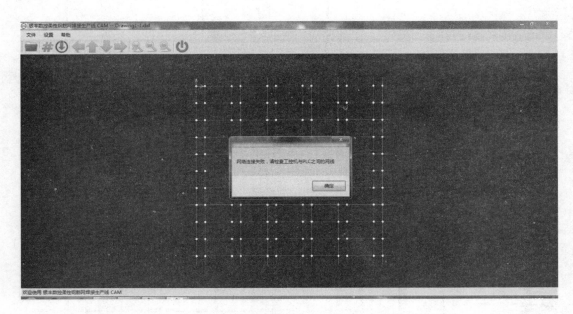

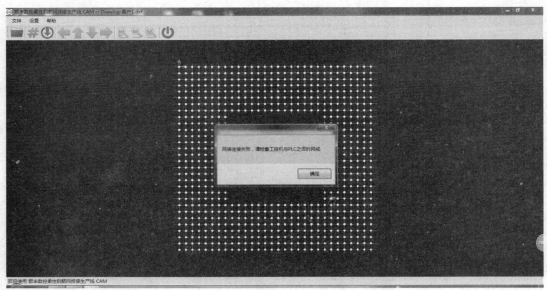

图 8-41　下载失败提示